优雅绅士 I

西装

刘瑞璞 编著
陈　果

化学工业出版社

·北京·

国际着装规则（THE DRESS CODE）成为国际主流社交规则和奢侈品牌的密码，这与它作为绅士文化发端于英国、发迹于美国、系统化于日本的形成路线有关。脱胎于英国绅士文化的现代社交文明和职场的着装规则，集中体现在西装（西服套装：Suit、布雷泽西装：Blazer、夹克西装：Jacket）上，它们所表现出来的典雅、永恒、朴素和品位的特质，无论是外观、结构还是穿着技巧都是在历史长河中沉淀下来的经典，是不受时间影响的永恒时尚。本书从西装的历史流变、规范称谓、关键元素解读、搭配规则、风格分类、礼仪级别、设计规律、社交成功案例和定制流程进行了系统深入的解析和整理，旨在全面认识和学习国际通行的西装着装规则及其知识系统，为建立规范的绅士服饰文化、品牌开发及着装品位提供了有价值且科学的指引，是成功男士着装、形象设计师、男装设计师的权威参考书和工具书。

图书在版编目（CIP）数据

优雅绅士Ⅰ.西装 / 刘瑞璞，陈果编著 . 北京：化学工业出版社，2015.1 (2019.1重印)

ISBN 978-7-122-22401-9

Ⅰ . ①优… Ⅱ . ①刘… ②陈… Ⅲ . ①男服－西服－生产工艺 Ⅳ . ① TS941.718

中国版本图书馆 CIP 数据核字（2014）第 275503 号

责任编辑：李彦芳　　　　　　　　装帧设计：知天下
责任校对：蒋　宇

出版发行：化学工业出版社（北京市东城区青年湖南街 13 号　　邮政编码 100011）
印　　装：北京虎彩文化传播有限公司
797mm×1092mm 1/16　印张 12.75　字数 270 千字　　2019 年 1 月北京第 1 版第 2 次印刷

购书咨询：010-64518888　　　　　　　售后服务：010-64518899
网　　址：http://www.cip.com.cn

定　　价：59.00 元

序言

　　国际着装规则（THE DRESS CODE）是国际富人俱乐部的社交规则和奢侈品牌的密码，它作为绅士文化发端于英国、发迹于美国、系统化于日本。

　　在 THE DRESS CODE 体系中，分为礼服、常服和户外服三大类型，其中常服是日常生活当中穿着机会最多的部分，也是最稳定、最广泛的国际服，被称作是公务、商务成功人士的经典。整个常服系统又细化为西服套装、布雷泽西装、夹克西装三个类别，它们既相互关联又自成体系。

　　值得重视的是，脱胎于英国绅士文化的现代社交文明和职场的着装规则，集中体现在西服套装、布雷泽西装和夹克西装身上，它们所表现出来的典雅、永恒、朴素和品位的特质，无论是外观、结构还是穿着技巧都是在历史长河中沉淀下来的经典，是不受时间影响的永恒时尚。它们不仅仅是一件衣服，更是一段历史、一种文化的象征。这种永恒蕴含着一种久远的朴素与淡定，散发着低调的优雅品质，而这一切在 THE DRESS CODE 的描述中并不是虚无抽象的，而是真实、具体、可操作的。

　　本书从历史流变、规范称谓、关键元素解读、搭配规则、风格分类、礼仪级别、设计规律及成功案例进行了深入的研究和整理，旨在全面认识和学习国际通行的着装规则及其知识系统，为建立普世的服装高雅文化、品牌开发及成功人士品位着装的指导提供了有价值和科学的文献指引与实践的新思路。

<!-- 手写签名 -->
刘瑞璞

2015年12月

于北京服装学院

目录

引言

绅士必读的国际着装规则之书

　　"THE DRESS CODE"是针对社交界、时尚界和奢侈品的专用名词，特指绅士（先生）着装密码。虽然表示服装服饰的称谓有很多词汇，如costume、clothing、apparel、fashion、dress等，但是只有"dress"一词表示特定人群用于特定场合、时间和地点选择特定着装的约定。"code"原意是指密码、法典，后来引申为规则、准则。因此，将这三个词合在一起表示特定场合、时间和地点的着装规则，后来演变成绅士俱乐部的"国际着装规则"。

　　THE DRESS CODE（国际着装规则）可说是以包括英国为首的欧洲、美国和日本为主导的富人社交俱乐部规制，他们对THE DRESS CODE（国际着装规则）的研究已经相当成熟和完善，出版的有关专著、指南、手册等文献也极具权威性和引领价值，这无疑是学习主流社交男装知识的教科书和研究男装国际规则不可或缺的重要文献。

　　THE DRESS CODE（国际着装规则）的绅士文化发端于英国、发迹于美国、系统化于日本。在整个理论体系不断成熟完善的过程中，这种形成三足鼎立的文献表述方式不尽相同，也对不同的人群发挥着各自不同的作用。但有一点是不变的，就是一个发展中国家的国民甚至国家形象和奢侈品要跻身于国际主流社会和市场，想绕过"THE DRESS CODE"（国际着装规则）是不明智的。那么，如果想要系统地着手研究这套理论，最终全面地掌握它，就要具体深入到英、美、日和其他欧洲国家的这些权威相关文献研究成果中去，这是进入国际主流社交最直接也是最可靠的途径。然而，由于不同国家的发展速度不一，相应的国家体制和国民素质等因素都会影响到他们本国对国际着装规则的认同和理解，所以研究中就会发现，不同的文献成果有着各自国家的特点。只有做到对各种文献进行综合全面地比较分析，才能更好地帮助我们提炼并掌握国际通用的着装规则，拿到进入经典社交的入场券，这也是将THE DRESS CODE（国际着装规则）本土化的最佳路径。

　　THE DRESS CODE（国际着装规则）发源于以英国为首的欧洲根深蒂固的贵族文化，它已经成为主流社会日常生活中所广泛熟知的常识，从而形成一种西方时尚系统中优雅的文化符号，作为潜在的规则深深地根植于绅士表象和经典的社交中。他们对THE DRESS CODE（国际着装规则）的熟练掌握使得这些记录他们一生追求绅士品质的文献极具权威性并成为修炼品位生活的圣经。

　　英国是"盛产"绅士的国度，古老的绅士文化沿袭至今，造就了今天经典的男装标签而成为世界白领社会争相模仿的对象。因此，英国的THE DRESS CODE（国际着装规则）文献也最值得重视，最值得一提的是保罗·吉尔斯的《绅士衣橱》。

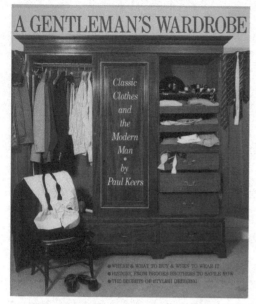

图 1 英国 Paul Keers 编著的《绅士衣橱：古典服装与现代男士》

（一）保罗·吉尔斯"免于忘却的纪念"

Gentleman（绅士）一词来自于拉丁语"gentilis"，严格来说它最初的定义是表示良好的家庭背景、受过系统教育和优雅训练的男士。它等同于法语中的贵族（gentilhomme）一词，而且在很长一段时间里，绅士一词在英国仅限于被用来形容贵族。在英国、法国、德国等欧洲国家的语汇当中，"贵族"一词，尽管叫法不一却都暗含有上层社会的意思，就如同时尚瞬息万变，但心中唯有恒久的经典一样。

英国的服饰历史研究学家 Paul Keers（保罗·吉尔斯）在他所编著的《A GENTLEMAN'S WARDROBE： Classic Clothes and the Modern Man》（《绅士衣橱：古典服装与现代男士》）一书中（图1），对"绅士衣橱"做了这样的形容："绅士衣橱里的服装无论是外观、结构还是穿着的规则，它们虽然受着不同时期的影响，但都是历史长河当中出现过的经典服装，书名中的'古典服装与现代男士'也旨在说明绅士服装时尚的这种永恒性。"可见，就绅士服装而言，"经典与永恒"是硬道理。

保罗·吉尔斯在 1988~1990 年间曾担任 GQ 杂志（《Gentlemen's Quarterly》即《绅士季刊》）的主编，这个杂志是专门的绅士杂志，内容涉及男士时尚、风格、时事和男士事务。它报道的永远是在最新的流行时尚中诠释绅士的优雅，让绅士始终行走在时尚的前端，在暗潮汹涌的时尚大潮中成为"免于忘却的纪念"。因此，后来"GQ"一词也被引申为穿着打扮考究、有时尚品位男士的代名词。

《绅士衣橱》一书是保罗·吉尔斯的代表作，是一本文风诙谐、附有大量案例说明的详细男士着装指南，保罗在书中教给大家怎样使服装与自身融为一体，穿出自己的风格。从三件套的西服套装到两件套的睡衣，无不渗透着经典男装所承载的历史和传统的信息，正是它们炉火纯青的外观、上乘的质量和永恒的价值取向赋予了它们经典的地位。

书中指出在他们英国人看来，经典的绅士服装并不是因为某一位设计师而存在，而是为了一种"免于忘却的纪念"，就像服装的一个个经典都是因为 The Duke of Wellington（威灵顿公爵）、The Prince of Wales（威尔士亲王）、The Lord Raglan（拉格兰勋爵）、The Earl of Cardigan（卡迪根伯爵）、The Duke of Norfolk（诺弗克公爵）、The Earl of Chesterfield（切斯特菲尔德伯爵）、The Duke of Windsor（温莎公爵）、Bernard Law Montgomery（伯纳德·劳·蒙哥马利）等这样的王室或贵族绅士的传奇而存在。所以，对于绅士而言，与其说穿在他们身上的是一件衣服，不如说是一段历史，或者是一种文化的象征。这段历史不单是为了让人们记住衣服本身的形制，还包括穿着时所遵循的一些生活秩序与准则（如穿马甲时最下边一粒纽扣不系、切斯特菲尔德外套的翻领领面嵌有黑色的天鹅绒、布洛克皮鞋（Brogues）的鞋面上有很多小洞等）。或许这也恰好解释了经典的绅士服装之所以能保持 50 年甚至是一个世纪不变的原因。这本书记述了很多历史中出现过的名绅与他们所创造的同时代经典服装的奇闻轶事：从温莎公爵发明的温莎结到诺埃尔·科沃德（Noël Coward）随时随地都穿着的丝质便袍；从查尔斯·狄更斯（Charles Dickens）穿着的闪光面料马甲到把自己崭新的西服套装在墙上蹭破再穿上的弗雷德·阿斯泰尔（Fred Astaire）；从布鲁克斯兄弟（Brooks Brothers：美国绅士服百年老品牌，常青藤风格的推手）到萨维尔街（Savile Row：英国绅士服的圣地）；从 501 牛仔裤到蓝色条纹西服套装等。这本书罗列了很多不同风格的绅士，且介绍了每一种风格如何应对的穿着规则，为男士的优雅装扮提供了行之有效的解码（THE DRESS CODE 也翻译成着装密码）、技巧以及细节上的指导。

得体讲究的穿着能带给男士内心的平静和自信，其中细节的配饰在体现绅士品位上起着极其重要的作用。这本书的封底引用了英国著名作家托马斯·富勒（Thomas Fuller）的一句话："得体的服装可以成为职业之门的敲门砖。"如果一位男士用智慧在挑选衣服，并且得体地穿戴它们，那么，他正是在用绅士的标准要求自己。这本书从男士每类服饰的出现、流行、类别、穿着方式、穿着场合、穿着案例等方面逐一介绍。由于礼服保有更多禁忌的着装密码，后面还专门对礼服进行了单独的介绍。整本书的行文思路是按照礼仪级别从低到高进行的，从日常场合到特定场合，教男士们怎样成为一位不折不扣的绅士。这本书的目标读者很明确，专门为那些想要成为绅士的成功人士所准备。最值得品味的是，它揭示了着装得体与否不是看一个人身上能够显示多少财富的信息，而是看他有多少"免于忘却的纪念"符号，这确实值得让我们好好研究这本《绅士衣橱》。

（二）伯恩哈德·罗特兹"永恒时尚"的朴素与淡定

一般认为，时尚的欧洲，德国总是不如法国、意大利，就 THE DRESS CODE 而言，我们甚至比英国更要看重德国的"格物"精神。"德国制造"意味着世界领先，它的发展

创造之所以如此成功正是因为有精粹缜密的文化做后盾。因此，德国人的严谨、精细的研究精神使 THE DRESS CODE 饱含了他们的严密性和向世界范围可持续性传播的普世价值，也证明了德国 THE DRESS CODE 理论的构建为什么比法国、意大利更发达和可靠。

德国有研究世界经典男装长达 20 多年的作家兼编辑 Bernhard Roetzel（伯恩哈德·罗特兹，图 2），他所写的有关绅士的专著也被视为 THE DRESS CODE 的经典。伯恩哈德以纯粹本色的绅士风范经常出现在很多国家召开的有关雅士风格主题研讨会上。在他忙于写一本关于男士造型的专著过程中，写作之余他就骑着传统的荷兰自行车寻找他眼中的完美雅士聊天。伯恩哈德的这些举动也让我们理

图 2　Bernhard Roetzel

图 3　德国 Bernhard Roetzel 编著的《绅士：永恒的时尚》被翻译成多国语言

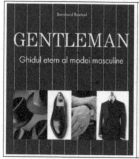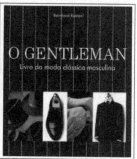

图 4　修订版本的《绅士：永恒的时尚》被翻译成多国语言

解了现代绅士朴素与淡定的特质。

《GENTLEMAN：A Timeless Fashion》（《绅士：永恒的时尚》）是伯恩哈德写过的最成功也是最著名的男装专著，也可以说，绅士永恒的时尚，就是这种永远的朴素和淡定。这部绅士标志性的德国文献自 1999 年春在德国第一次出版后，同年就发行了英文版本，并在之后被翻译成 18 国语言销往世界各地，成为男士时尚界的畅销专著（图 3）。也正因如此，这本书被誉为"世界上最广为传诵的时尚专著"。由于书中涉及的都是历史沉淀下来的经典服装，几乎不会随着流行的改变而变化，所以在近十几年的时间里，此书的内容都没有做过改动。直到 2007 年，出版商和作者本人决定对书中的内容重新仔细地做一次审改，并于 2009 年出版了新的修订本，同时也被翻译成了多国语言（图 4）。

这是一本教给现代男士在不同场合、不同时间如何将经典服装穿出味道的圣经。"选择并搭配正确的西服、衬衫、鞋等，它既是男士的一种品格，也是一种标志。"这些话在我们看来没有什么信息量，而在《绅士：永恒的时尚》中，这些"正确的""品格""一种标志"等词汇，却有着丰富的内容，它告诉我们，其实，想要成为一位时髦的绅士并没有什么诀窍，只有一个是永恒的，那就是需要熟悉真正的经典以及它们的历史。最让我们悦目的是，仔细阅读这本指南可以享受到充满这种经典和历史插图的饕餮大餐，走进国际时尚界最优秀的裁缝和制鞋师的工作室，看吉亚尼·阿涅利（Gianni Agnelli）穿什么样的衬衫，安迪·沃霍尔（Andy Warhol）首选何种内衣等，而且一定会从书中找到它们的出处，从而可以彻底了解到不同类型男装的面料、裁剪、图案、色彩以及搭配，让读者在熟悉掌握着装规则的情况下享受摇身变为真正绅士的愉悦。

（三）艾伦·弗鲁泽打造美国绅士"普世的个性"和"低调的优雅"

以英国和德国为代表的欧洲国家研究男装的文献，是直接针对"绅士"这个群体来写的，这是由整个欧洲所拥有的悠久贵族文化传统所决定的，可以说探讨"绅士规则与品位"（THE DRESS CODE）是这个集团内部的自娱自乐，因此他们把握起来游刃有余。这与美国 THE DRESS CODE 的"培养绅士"和日本 THE DRESS CODE 的"启蒙绅士"大不相同。美国男装文献，实用性手册类和更具典籍性的读本类都很发达，这和多元化的美国社会文化不无关系，但那些男装学者们极力造就一种绅士必读的科教书仍是美国主流社交不可或缺的经典，最具代表性的就是美国作家兼男装设计师 Alan Flusser

图 5　艾伦·弗鲁泽

（艾伦·弗鲁泽，图 5）。他曾经就读于宾夕法尼亚大学的时装技术学院和纽约的帕森设计学院，有着良好的专业教育背景。他早期在皮尔卡丹运动服部做了 6 年的首席设计师，也去过美国著名的服装品牌经营公司休森（PHILLIPS-VAN HEUSEN CORPORATION）做设计师，后来在 1979 年成立了属于自己的服装公司。1985 年获得了 Coty Award（科蒂奖）授予的最佳男装设计师。然而，他最成功的是因编写了两本填补美国绅士服书籍空白的专著，并在 1987 年获得了 Cutty Sark Award（卡迪萨克奖）。凭借他 30 多年的男装设计和销售经验，他一共写了 4 本男装专著，这 4 本出自于他笔下的男装专著成了想成为绅士的美国男士们必看的着装指导类书籍，他本人也成了美国经典社交效仿的著名绅士（图 6）。

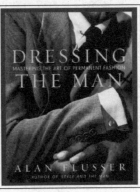

图 6　美国男装设计师兼作家艾伦·弗鲁泽的系列男装专著

艾伦·弗鲁泽设计制造出来的衣服散发着一种特有的美国式轻松与优雅，由于在 1987 年上映的影片《华尔街》中为迈克尔·道格拉斯（Michael Douglas）设计了影视服装，从而随着电影的热播而享誉时尚界。他为剧中迈克尔扮演的角色戈登·盖柯（Gordon Gekko）打造的经典形象是戗驳领、单排扣的条纹面料西服套装（图 7 左），厚重白色超高领和法式双层袖口的宽条纹衬衫、西裤背带和不对称式（打结造型）领带（图 7 右），显示出一种冒险的男士风雅，创造出一种并非需要约定俗成的去遵循既定规则的"美国风格"。

图 7 《华尔街》中艾伦·弗鲁泽为迈克尔·道格拉斯设计的影视服装

艾伦·弗鲁泽认为：定制服装需要穿用者本人与其所挑选的任何一位能工巧匠合作，一起量身打造出属于他自己的专属风格。这样的合作可以使我们理性地摆脱规则的束缚，而彰显"普世的个性"。但他并没有因此放弃英国贵族"低调的优雅"这个传统，这种创造充满智慧的美国绅士形象，在很大程度上改变了欧洲人对美国人"暴发户"的看法，这几乎成为"艾伦·弗鲁泽风格"，从反映温莎公爵到 20 世纪三四十年代好莱坞电影里的冷艳君子如道格拉斯·费尔班克斯（Douglas Fairbanks）和卡里·格兰特（Cary Grant）等都深受这种风格的影响，弗鲁泽风格便成为可以和英国平起平坐的美国绅士的标签。

艾伦·弗鲁泽对绅士服的深刻理解和他所建立的男装学说与一个美国古老的绅士品牌有关。弗鲁泽的父亲是美国新泽西州北部的一位出色的房地产经纪人，他所穿的西装都是在布鲁克斯兄弟公司定制的，鞋子和衬衫是在伦敦定制。其实艾伦早在费城的宾夕法尼亚大学读书时，就已经开始拥有了一定的时尚洞察力，掌握了布鲁克斯兄弟的品牌要诀是他的杀手锏，这个要诀就是布鲁克斯兄弟所秉承英国绅士"低调的优雅"的常青藤风貌，即大学联盟风格（实为当时的美国贵族风格）。他在父亲的带领下，当时已经在布鲁克斯兄弟公司（Brooks Brothers）定制服装，并成为他学术实践的平台。朋友们同学们都称赞他的穿着优雅得体，纷纷向他寻求着装的建议。艾伦·弗鲁泽对他们说，仅仅知道穿什么品牌、怎样穿衣服是合适的远远不够，重要的是这些品牌为什么能够引领一种风格和优雅品质的走向。

艾伦·弗鲁泽一直提倡布鲁克斯兄弟这种优雅品质的创新，因此他和布鲁克斯兄弟这个品牌一样，在美国男士眼里，"不读懂艾伦·弗鲁泽就意味着还没进入美国主流社会"成为成功人士的秘籍，他在男人的品位时尚圈中是风向标式人物。1992 年和 1996 年为夏季奥运会主持人鲍勃·科斯塔（Bob Costa）设计的服装使他再一次成为公众的焦点。他经常在《男士健康杂志》（《Men's Health Magazine》）上发表时尚专栏，几本男装专著的成功出版使他成为备受尊重的男装界权威人士和美国 THE DRESS CODE 教父式的人物，这也得益于布鲁克斯兄弟为他提供了大量的成功案例。

1981 年他写的处女作《MAKING THE MAN》（《打造品位男士》）被美国人称作是"男士服装购买和服装穿着的秘籍"，它教男士如何挑选、购买和搭配各类服装及配饰，培养男士穿出品位、穿出时尚的智慧。《CLOTHES AND THE MAN》（《服装与社交男士》）是针对出没于社交场合又没有社交经验的男士的教科书，书中分门别类地对各种服饰进行了图文并茂的解读，列举了很多欧洲国家和美国历史上的名绅，用他们的穿着实例为读者提供效仿的对象。他的另一本《STYLE AND THE MAN》（《风格与男士》）的专著，虽然也对各个类别进行了介绍，但是重点放在了每个类别服饰的细节分类上，着重介绍了每个不同细节所对应的不同穿着品位，教男士如何穿出独特风格来，还用一定的篇幅介绍了包括英国萨维尔街、美国布鲁克斯兄弟在内的各个国家的男装名街名店，为读者提供了一个全方位的高雅生活方式。他的巅峰之作《DRESSING THE MAN》（《男士品位着装》）几乎成为国际经典社交和享受经久不衰的男士时尚艺术的圣经，它把男装时尚的演变以及绅士着装的一系列准则发挥到天马行空的极致，而大大影响着 THE DRESS CODE 源发地以英国为首的欧洲乃至整个国际主流社会。艾伦·弗鲁泽的这一系列男装专著是他多年研究和实践的结晶，成为国际上任何研究 THE DRESS CODE 的机构和个人不可或缺的权威文献。

（四）"别致的简洁"让普通人进入高雅而品位生活的宝典

如果说艾伦·弗鲁泽的作品代表着 THE DRESS CODE 的经典学说的话，那么，美国 CHIC SIMPLE（别致的简洁）编辑部长年打造美国人品位生活的系列图书则是 THE DRESS CODE 学说的普及版，这是由美国社会成熟的多元文化所决定的。因此，它的影响绝不亚于艾伦·弗鲁泽的经典学说，最重要的就是它把 THE DRESS CODE 通俗化、把高雅绅士品质大众化了。CHIC SIMPLE（别致的简洁）编辑部编写的一系列衣橱品位的图书不仅备受美国男士的追捧，还成为国际社交和职场着装方案的指南，被社交界称作是"简单却保有风格、优雅地走进现代生活的宝典"，成为 20 世纪 90 年代美国人过上品质生活的标志之一。它的核心观点是大众也可以像绅士那样有尊严和品位地生活着。可以说它是让全世界的人过品位生活的倡导者和引领者，并以耐看、丰富、轻松而风雅无限的面貌宣誓着这种观点："我们是专门提供给那些相信生活的高品质是来自于事物的削减而不是来自于无畏堆积的人，你懂得的越多，需要的就越少。"我们生活的这个世界，资源是有限的，它让读者将节约、朴素的价值观带入他们的品位生活中，影响他们高雅的穿衣风格。

CHIC SIMPLE 编辑部这一系列图书中除了一部分是针对家居、厨艺类之外，有很大的一部分是针对服饰方面的内容。《CLOTHES》（《服装》）教我们怎样去挑选、购买、穿着服装，怎样轻松地穿出品位；《SHIRT AND TIE》（《衬衫和领带》）专门对男装中的衬衫和领带进行详细的分析，从二者的颜色、面料、图案、搭配上给予 THE DRESS CODE 最有效的解读，并提供最好的穿着建议；《MEN'S WARDROBE》（《男士衣橱》）从男士服装的生活场景出发，分别介绍工作、日常生活、户外运动、晚宴四个场景所对应的着装和成功案例；《DRESS SMART MEN》（《精英男士着装》）针对职场男士，教你如何有效成功地面对求职面试，如何在工作和管理你的团队时通过服装展现出你的自信和智慧。艾伦·弗鲁泽也是最早以同类书的方式介绍 THE DRESS CODE 系统理论、方法和案例的。因此将此类 THE DRESS CODE 指南性图书与弗鲁泽的经典著作结合阅读，这本身就是绅士生活的绝妙体验（图 8）。

相对艾伦·弗鲁泽的经典男装专著，CHIC SIMPLE（别致的简洁）的系列图书更贴近普通白领的生活、更平民化，内容上也更加朴素和愉悦，更像 THE DRESS CODE 的快餐。正因为美国有了这两大男装权威文献的存在，才使得 THE DRESS CODE 在美国中产阶级中成功地普及，也正因为美国中产阶级的成功，THE DRESS CODE 向世界的传播成为了可能。

之所以说 THE DRESS CODE（国际着装规则）是发端于英国、发迹于美国，是因为论起发现它的价值并积极响应它使其走向国际化，美国自然是当之无愧的推手。美国自建国以来只有短短的 200 多年时间，而英国 1000 多年前就由王室和贵族主宰着，他们有着优雅的生活方式和传统，因此造就了庞大的绅士阶层和文化，所以英国成为了其他国家主流社会急于效仿的国度。值得研究的是，在他们看来真正的绅士并不是只看外表，尽管这是个重要条件，但是修养和品位让美国人诠释了"低调的优雅"这种普世的绅士标准，也正是美国人这种充满创造和智慧的效仿和学习，使得 THE DRESS CODE 走向了国际化。

然而，对于我们而言，最有价值和实际意义的是，使 THE DRESS CODE 理论更加系统化和发挥全民启蒙作用的却是日本文献，它让整个国际着装规则进入普遍人的高雅生活成为可能。

图 8　CHIC SIMPLE 编辑部的系列男装专著

5. 妇人画报社让日本国民享受品位生活

将 THE DRESS CODE 理论化并形成社会共识和对精英文化的向往，这要取决于日本 19 世纪开始的明治维新，从幕府体制转化成公司精英体制，国际交往规则便成为首要引进的课题。然而在当时的欧美，THE DRESS CODE 只是贵族阶层的潜规则而并没有被理论化，

图 9　日本妇人画报社书籍编辑部出版的《THE DRESS CODE》

甚至拒绝向大众推广。对该规则非发源地的日本，既没有英国贵族这样的传统，也没有可利用的系统理论，而且走精英路线并不明显。因此，第二次世界大战之后，特别是 1964 年东京奥运会的机会，使其研究进入了手册式大众化路线。日本妇人画报社专门编辑过一本叫《THE DRESS CODE》（《国际着装规则》）的书，这是世界范围内首次以 THE DRESS CODE 命名的绅士礼服规则类专著，它将"规则"升级为"礼服强执十条"，近乎法典的文献使 THE DRESS CODE 的概念深入日本国民的心中（图 9）。这个概念在欧美国家早已如芯片般植入贵族们的思维而成为自觉行为，使得相关文献的出版失去了应有的意义，因此，这才留给日本一个研究 THE DRESS CODE 的巨大空间和绝好机会。

　　这本书几乎以苛刻的笔调，通过礼服诠释着 THE DRESS CODE 的规制和实务作业，严格按照时间的划分对昼和夜的正式礼服、准礼服、全天候礼服和特别的夏季晚餐服做了分类介绍，以条目的形式逐一列出各自的着装规则和实务分析，包括具体社交场景对应的穿着规则和案例，如英国王室赛马会、舞会、总统就职仪式、婚礼、葬礼等特殊场合的经典案例。值得一提的是日本文献对细节的把握和研究比发源国英国有过之而无不及。这本书对礼服的领带、衬衫、袖扣、马甲、腰带、手套、围巾、鞋等配饰的穿戴方法及搭配要诀都逐一做了介绍，就连帽子和手套的穿戴步骤都用图示一步一步地表示出来。最值得我们借鉴的是谨言慎行的日本理论家们，根据 THE DRESS CODE 充分尊重民族习惯的原则，将日本的民族服装和服，按照国际着装规则制定出一套日本本土化的"着装定番"（着装基本规则），在保持他们自己民族文化的前提下，通过学习并遵循已经成熟的以英美为代表的国际主流着装规则，创造出具有日本文化特质的国际形象。这种从以英美为代表的主流国际 THE DRESS CODE 的理论建设到政府、民间的国家意志，自明治维新以来就从未改变过，重要的是政府官员、公务员、企业家等社会精英必须要率先垂范，事实上 THE DRESS CODE 已成为日本社会的"入阁门槛"，因此，每当日本首相换届时，新首相与他的阁僚必穿晨礼服（Morning coat：日间第一礼服）拍一张全家福，这一惯例即使在英国也已不适用了，可见日本对 THE DRESS CODE 的执著（图 10）。

图 10　不同时期日本首相任职时与其内阁成员合影（第 85 任首相森喜朗、第 94 任首相菅直人、第 95 任首相野田佳彦）

　　然而，日本作为 THE DRESS CODE 非发源地的发达国家，绝不会放弃对全体国民的教化，因为从国策上讲它必须保持以英美为代表的主流社会的一员，另一方面 90% 以上受过高等教育的日本国民需要 THE DRESS CODE 的指引与教化。日本文献具有潜在法典性的同时又具有普及性。画报社因此编写了一部基于 THE DRESS CODE 的惊世男装巨作《男装服饰事典》（《男の服飾事典》），为国际男装着装规则的系统化做出了巨大贡献。《男装百科全书》可以说是目前为止最为权威、最为系统、最为详尽的男装辞书类专著。它从西服套装、运动夹克、布雷泽西装、衬衫、针织衫、外套、户外服、工装夹克、裤子、帽子、鞋、首饰等各个服饰类别分章进行系统的介绍，涉及每一类别服装服饰的名称、分类、形制、历史流变等考案和权威信息。与其他男装类专著不同的是，这本书由于定位在辞书类，它每部分的内容都是以 THE DRESS CODE 锁定的词条形式出现，对每个大的服饰类别进行了全面的梳理，列出了历史当中所有被确立的品类名称相关信息，具有不可替代的系统性、可靠性和权威性。这本《男装百科全书》还有一大特色就是对历史中出现过的名绅进行了

图 11　日本男装知识普及类百科
全书《男装服饰事典》

专门的介绍，并具体阐述了他们对当时男装时尚的影响和形成今天"绅士规则"的名绅掌故、历史事件。这本《男装百科全书》不仅是日本男士品位着装的指南，事实上它已成为研究 THE DRESS CODE 不可或缺的启蒙文献（图 11）。

尽管《男装服饰事典》里涉及的范围非常广泛，囊括了男士服饰的几乎所有信息，但是由于彩图的限制对于每一个种类的描述缺乏场景感，当然词典的功能不在于此。因此，妇人画报社也像美国"别致的简洁"编辑部一样出版了一系列"衣橱品位"的图书。虽然它们都是 THE DRESS CODE 的快餐读物，但在风格上更适合"规则"非发源地的东方人阅读，其中包括《西服套装》《布雷泽西装》《夹克西装》《COAT》等十几种男装品位着装读物（图 12），对《男装服饰事典》

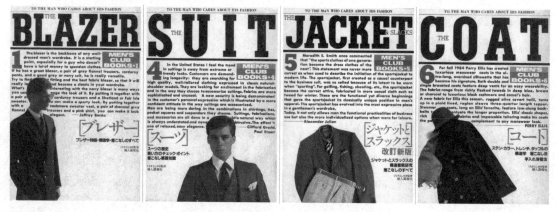

图 12　日本妇人画报社编辑部出版的系列分项男装指引

里相对重要的种类以彩版加文字的形式做了进一步的深入介绍，分别从各个种类的历史流变、形制特点（面料、色彩、结构）、穿着方式、购买技巧、保管、护理及问题解答等多个方面进行详尽的讲解。这套系列丛书的作者除了国际上包括艾伦·弗鲁泽在内的权威男装作家以外，还有像出石尚三、堀洋一、林胜太郎等世界级的日本男装专家，它对于我们还处于 THE DRESS CODE 蛮荒时期的今天，除了权威性、可靠性以外，更具有学习和引进价值。

与欧洲和美国的男装专著相比，日本的文献更加具有深入性、知识性和系统性，从百科全书、专项类书到分项指引，由整体到局部，由概览到细述，为我国的 THE DRESS CODE 研究学习提供了全面、可靠、权威的参考资料。因此，我们沿着英国人开辟的道路，拄着美国人这根辅杖，参考日本人的研究方法与成果，一定能为我国 THE DRESS CODE 的学习研究开创出一片新的天地，问题是突破口在哪里，还需要从 THE DRESS CODE 中找答案，那就是西服套装、布雷泽西装和夹克西装。

第一章

西装的专属性与历史信息

在 THE DRESS CODE 体系中，分为礼服、常服和户外服三大类型，其中，常服是日常生活当中穿着机会最多的部分。"日常生活"是依据白领或中产阶层的工作状态，更确切讲就是以办公室为核心的工作状态，因此，常服的家族中，又包含西服套装（Suit）、布雷泽西装（Blazer）、夹克西装（Jacket）三个类别。由此看来按照我们的习惯，常服以"西装"分类更容易理解，但不符合"社交细分"的要求。三种西装虽然同属于常服，但是它们分别出现于不同的历史时期、适合于不同的穿着场合、有着各自不同的穿着规则，这些与它们的出身和历史的传承背景有关。庞大的西装帝国如今成为最稳定、最广泛的国际服和公务、商务成功人士的经典，之前经历了 200 多年的传奇发展才固定下来，形成现在的"三足鼎立"局面。可以预见，它们再过 100 年仍不会退出时尚的历史舞台，为什么会出现这样的奇迹？

一、西装的三种称谓在 THE DRESS CODE 中的专属性

说起西服套装、布雷泽西装、夹克西装这三个称谓，大多数人会一头雾水，但如果说起"西装"，大家就不会感觉到陌生。在我们看来，"西装"一词并不是相对东方服装而言的西洋服装的宏观概念，而被看成是专指男士穿的、有某些特定式样的微观概念。西装虽然在清末民初通过西学东渐传入中国，洋装一时成了洋务派的象征，进步学生也都以穿西装显示他们与封建思想的决裂。其实，国服中山装正是这种思想的集大成者。20世纪80年代初的改革开放，西装又一次被吸纳进来，虽然到现在已经30多年了，然而，对于它的内含，特别是对于它规制特质的认识甚至还不如清末民初。其实我们习惯说到的"西装"就是西服套装、布雷泽西装、夹克西装三者统称的一个模糊概念（甚至似曾相识的模样都以此相称），实际它们就是指男装系统中的常服，而要获取更精准、规范和权威的信息，必须对 THE DRESS CODE 文献做系统的梳理和研究。

按照 THE DRESS CODE 的惯例，所谓礼服、常服和户外服是按照礼仪级别的高低来划分的，它们之间虽说不存在不可逾越的鸿沟，却仍有需要严格遵循的越界规则。一些带有明显礼服特质的服装如燕尾服、晨礼服等，我们一般不容易将其与常服相混淆，但是同属于礼服体系中的塔士多、深色套装等经常被误划入常服的行列，这完全是由于我们对西服套装、布雷泽西装、夹克西装三者标志性元素的密码没有合理解读所致（图1-1）。

可能绝大多数的人认为图1-1中的五种服装都属于西装，只是款式不同而已。然而，国际社交界不把它们中的任何一个叫作西装。例如塔士多套装（Tuxedo Suit）是正式晚礼服（图1-1①），它既有时间限制（晚间用）又有级别要求（正式）；深色套装（Dark Suit）是全天候礼服，是没有时间限制的准礼服，当请柬中提示穿深色套装（Dark Suit）时，穿任何之外的服装都有失水准（图1-1②）；西服套装（Suit）（图1-1③）是常服中的准礼服，但不能取代深色套装；布雷泽（Blazer）西装（图④）又称运动西装，有便装礼服的品格，但不能作为礼服使用；休闲西装（Jacket）是我们习惯称的夹克西装，不可以用在正式场合（图1-1⑤）。

在这五种西装中几乎

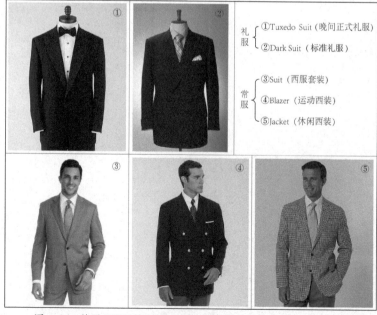

礼服 ┌①Tuxedo Suit（晚间正式礼服）
　　 └②Dark Suit（标准礼服）

常服 ┌③Suit（西服套装）
　　 ├④Blazer（运动西装）
　　 └Jacket（休闲西装）

图1-1　基于 THE DRESS CODE 西装的专属性定位

跨越了从正式到非正式的所有场合，但它们的界限又不分明，这确实考验使用者的智慧，并也以此成为判断是否是真正绅士的试金石。在我国，礼服西装和休闲西装在同一场合出现并不是什么禁忌，说明它们又存在共性的特质，而成功人士、品牌、设计师、开发商总是在这些隐秘的细节上控制得更好。行为的无秩序，说明在理论上的混乱，学习这些知识不仅仅需要国际社交实践的广泛参与，更重要的是系统地研究它的理论、破译它的语言元素及规律，才能步入世界男装文化的主流。在一个充满文明气息的国度里，随着国际交往的扩大和深入，这些知识的获得和掌握几乎成为男士事业、形象确立的标志，成为通向成功社会的护照和名片，而获得它们最有效且可靠的途径首先是对 THE DRESS CODE 知识系统的解读。

根据国民的习惯，把西服套装（Suit）、运动西装（Blazer）、休闲西装（Jacket）统称为西装这是国际化服装初兴时的必然，可见改革开放初期的 80 年代初到现在对西装的认识完全不能同日而语。然而，这种进步也仅仅停留在感性上。中国出现了那么多西装品牌，却没有一个品牌真正掌握或者充分按照 THE DRESS CODE 的国际惯例开发。应该说西装的文化研究和理论指导滞后于开放和国际交往的深入发展。作为中国的男士和服装界学习和研究它的细分规则是时候了，因为"学习和体验西装，是迈向成功的第一步"，这可以说是它的必然王国，而这一步是不能跨越的。所以，掌握 THE DRESS CODE 不仅具有服饰学术研究的普世价值，更是一种使命和客观要求。

二、THE DRESS CODE 对西装礼仪级别的界定

根据 THE DRESS CODE 原则将常服按照礼仪级别的高低进行排列，即从高到低依次是西服套装、运动西装、休闲西装。三种西装的基本款式都是平驳领、单排扣，相对于礼服标准款式元素中的戗驳领、双排扣来说礼仪级别较低，可见国际上将西服套装、运动西装和休闲西装划归为常服是有道理的，而且每同一种西装通过对其他两种西装款式和搭配元素上的借鉴也会产生级别上的差异偏移，重要的是先要了解它们各自典型构成要素的含义（图 1 - 2）。

图 1-2　西服套装、布雷泽西装、夹克西装的级别框架

（一）西服套装

西服套装（Suit）是西装中的最高级别，是指上衣、背心和裤子相同材质、颜色组成的三件套装或两件套西装（上衣和西裤），标准色为鼠灰色。在 THE DRESS CODE 原则要求下，它属西装中的正统装束，既可以作为常服也可以作为准礼服，因此它有"万能西装"的说法。当它采用黑色调或深蓝色调时便升格

礼服西服套装格式 ■■■
黑或深蓝色调上下装的统一组合

标准西服套装格式 ■■□
灰色调上下装的统一组合

花式色调西服套装格式 ■□□
条纹花式面料的上下装统一组合

图 1-3 西服套装的三种格式范例

为与黑色套装相同的级别，可视为准礼服；如果不严格采用三件套而采用两件套，再加上浅色调的编组，便成为有个性的西装。但不采用上下装异色异质的搭配形式只有个性色彩的倾向性，如暖色系、冷色系、条格色系等有休闲化的暗示。如果改变了统一色调的搭配，这意味着它借鉴了休闲西装自由组合的方式，这是西服套装便装化的倾向，我们可以称为调和西装。但这与具有便装品格的运动西装、休闲西装仍有区别。由此可见，西服套装本身又可以划分出三种基本格式，即黑（蓝）色调的礼服套装格式、灰色调的标准套装格式和可以自由编组的花式色调套装格式（图 1－3）。西服套装的总体面料为精纺毛织物，夏季采用精纺薄型织物。

（二）运动西装

运动西装称布雷泽（Blazer）。它的标准格式为法兰绒藏蓝色上衣金属纽扣配灰色调苏格兰细格裤或浅驼色休闲裤（卡其裤）。它自成体系，理论上的级别要低于西服套装。但它古老的英国血统和戎装背景使其可以吸纳比它的级别更高的元素而抬高身价；同时它比西服套装更具组合的灵活性，又可以搭配得很休闲化、市民化。因此，布雷泽既可以成为礼服，又可以成为不同风格的便装，但金属扣和上深下浅跳跃组合的特征始终不变（图 1－4）。

配灰色西裤的双排扣布雷泽西装有礼服的暗示

布雷泽西装的休闲搭配风格

图 1-4 布雷泽西装的礼服版和休闲版搭配

（三）休闲西装

休闲西装最具苏格兰传统，因此以苏格兰人字呢或格呢为特色。通常上衣为蓝色或浅褐色为主色调，下装为自由组合的休闲裤。休闲西装主体上属便装，它一般不接受礼服的元素，因此它和运动西装不同，它是完全休闲化的，这是它成为纯粹意义上休闲西装的重要原因。现代休闲西装已经很大程度发展了苏格兰传统，而成为适应所有季节的休闲西装。衣料变得轻薄、更加舒适，但社交与品牌风格追求的苏格兰风格始终没有放弃。因此，除了冬季选择地道的苏格兰呢以外，其他季节也以模仿苏格兰呢的格子面料为普遍追求的休闲西装风格（图1-5）。

具有传统风格的休闲西装　　　　运动休闲西装的回归　　　　与毛线背心搭配是休闲西装常见的组合

图1-5　休闲西装的多种自由搭配

三种西装有如此级别上的差异，综合起来有四个因素，即色调、款式、质地和搭配。级别越高色调就越单纯而庄重、款式隐蔽而简洁、面料精细而挺括、搭配规整而有序。然而它们的历史却是倒置的，休闲西装可以说是西服套装和运动西装的鼻祖，且时间越久远，就越接近休闲西装的形制，可以说今天的西装都是由休闲西装派生的，早期的西装多少都是与休闲联姻的，经过200多年的分裂融合之后，今天西装的各种类型又开始进入秦晋之好，也已成为不可抗拒的时尚潮流。

三、西装的历史信息

西装的框架是如何形成的？未来发展的趋势是怎样的？西服套装、运动西装和休闲西装是如何产生、裂变、重组、定型的？它们的社会背景如何？我们从下边西装200年的历史回顾中会得到答案。这些答案是通过以《西服套装》《布雷泽西装》《夹克西装》为代表的权威 THE DRESS CODE 文献进行整理得到的，对于我们来讲却是第一手资料，如下表所示。

表 西装200年的历史回顾（黑体年份表示西装的重要历史事件）

年份	重要相关历史事件	插图
1770	筒式服装作为前卫的男装在伦敦出现，打破了传统男装有腰身的风格	①布鲁梅尔绅士 George Bryan Brummell (1778~1840)
1772	筒式套装登场，它除了比传统套装宽松以外，衣长缩短到膝盖上	
1780	双排扣弗瑞克大衣出现。出现了翻领和驳领相连式样，是今天西装领的通用形式 具有现代意义的长裤出现（传统裤子是和靴子组合的，这时的长裤仍带有这些痕迹）	
1796	燕尾服出现，1830年普及。受其影响背心的长度变短，并成为后来三件套装（Suit）的重要配服	②骑马裤口
1799	布鲁梅尔登场。他是19世纪英国著名的绅士（Bryan Brummell），几乎成为后来"绅士"的代称（图①）	
1807	长裤流行。英国裤类统称（Trousers），是当今西裤的原型，这之前18世纪是及膝裤为主流，长裤在当时作为休闲裤在白天普遍流行，这是今天与休闲西装组合穿的"休闲裤"（Slacks）的诞生期	
1815	三件套形式确立，但不是今天意义上的"三件套装"（Suit）。因为它是表现在燕尾服上，而且上衣、背心和裤子采用不同色调和材质的组合形式	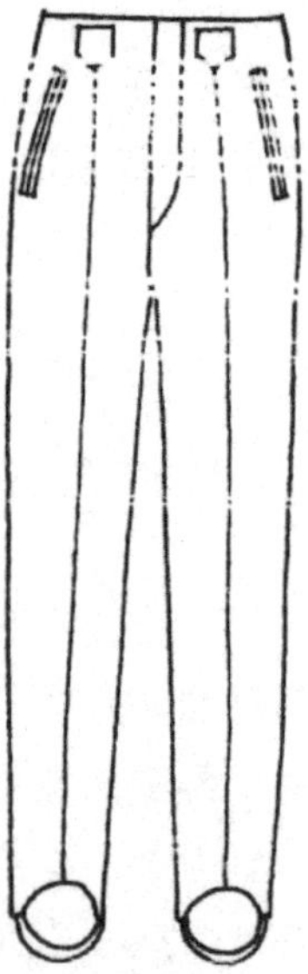
1817	长裤作为晚礼服使用，是休闲服向礼服转化的实例	
1820	骑马裤口的设计被用到长裤中，其功能是固定裤口使浅口马靴不宜进土。它流行到1850年，是今天女式脚蹬裤的始祖（图②、图③）	③现代脚蹬裤

续表

年份	重要相关历史事件	插图
1823	裤子的前门（暗门襟）设计被采用。它是今天裤子前开门的原型，但又有区别，它好像倒置的门帘，坠落下来说明前门被打开，故它被称为"Fall"（落下）设计。今天这种形式还在休闲裤中使用（图④和图⑤）	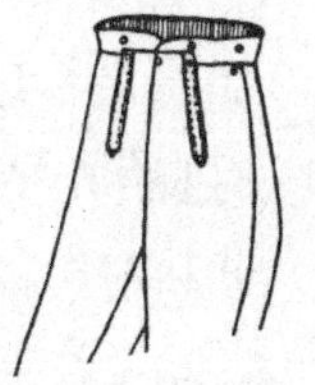 ④"落下"前开门 ⑤当代"落下"前开门
1830	同一种料子的西服套装在德国的美因茨（Mainz）威尔顿康斯服装店设计出来，即上衣、背心和裤子采用相同材质和色调的面料。它是今天西服套装（Suit）的原型，但形制有所不同，它更接近传统外套的款式。如上衣类似去短的弗瑞克外套；裤子是当时流行的"前门式骑马长裤"（图②、图④、图⑤）。同时，双排扣水手外套（Pea coat）出现，它是双排扣布雷泽西装（Blazer）的原型（图⑥）	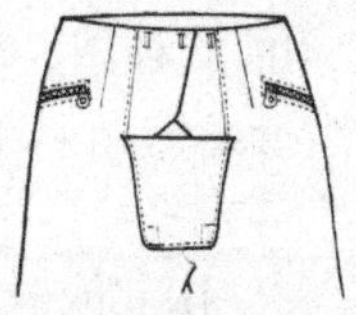  ⑥双排扣水手外套
1836	维多利亚时代开始	
1837	强调纵条格的长裤流行直到1850年	
1840	前（暗）门襟裤子出现	
1845	缝纫机发明	
1848	休闲夹克（Lounge Jacket）流行。Lounge有散步、休息室、谈话室的意思，因此，最初也称散步服、谈话服。款式为单排三或四粒扣，胸部没有口袋。这种特征与今天的标准休闲西装很接近。Lounge这个称谓在今天社交界还普遍使用，不过它是"准礼服"的意思，等同于黑色套装、西服套装（图⑦）	 ⑦休闲夹克

续表

年份	重要相关历史事件	插图
1849	制衣产业兴起	
1857	贴身长裤出现（Peg—top）。它从骑马便裤脱胎而来（见图②），从此可以说具有近代意味的时装休闲裤开始。同时襻卡设计在裤子中出现（图⑧和图⑨）	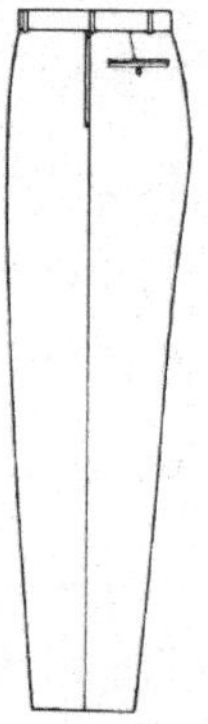 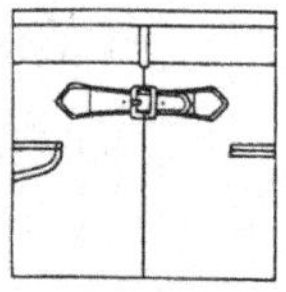
1858	苏格兰（呢）风格出现	
1860	三件套休闲西装成为日常服，英文名称为Lounge suit，这就是现在"西服套装"（Suit）以前的称谓，它一直沿用到第一次世界大战。这时燕尾服升格为正式礼服	
1861	南北战争爆发。这时出现了及膝的灯笼裤（图⑩）。到1875年，灯笼裤配上夹克上衣成为夹克西装的主流，几年后出现的诺弗克夹克、狩猎夹克等与此有血缘关系（图⑪）	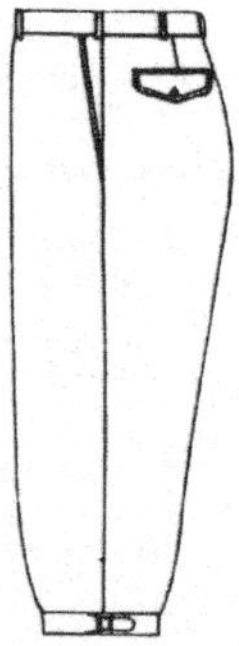
1866	诺弗克上衣出现（Norfolk shirt）。它是诺弗克夹克的前身，成为当时欧洲贵族流行的郊外狩猎运动的专用夹克，这种夹克一直盛行到1880年。今天成为经典狩猎夹克西装的标志性语言符号（图⑪）	
1867	被称为美国风格的休闲西装普及（Sack Suit）。它和英国的"Lounge suit"对应，一般属直身型、箱型、筒型、袋型的西装均指此类。同时后中开衩在西装上衣中出现（图⑫）	
1868	日本明治维新。THE DRESS CODE(洋服制)被整体介绍到日本。而以"西服"命名的用语，是在1870年胜山立松所著的《新服采风初探》一书中出现。这时具有国际化的"太政管制服制定""军服制定"的服制也被确立下来	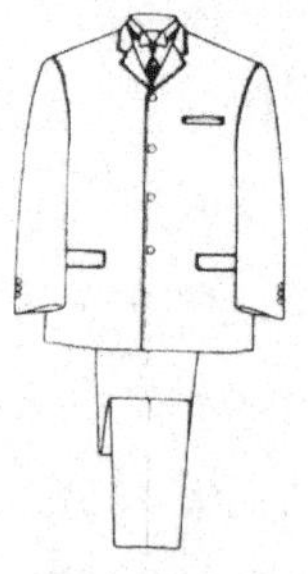

图中插图说明：

⑨现代襻卡

⑧现代贴身长裤

⑩灯笼裤

⑪早期诺弗克夹克

⑫美国箱型西装

续表

年份	重要相关历史事件	插图
1869	英皇家威尔士风格的水手夹克流行。它是从水手外套发展而来,称瑞弗尔夹克(Reefer 夹克西装,图⑬),今天的双排扣布雷泽西装(Blazer)由此演变而来。这个时期成为夹克西装的繁盛期,诺弗克夹克和及膝灯笼裤的组合成为时尚(图⑭和图⑮)	 ⑬ 瑞弗尔夹克
1870	运动西装流行。牛津大学的学生制服总是以单排三粒扣为特色,剑桥大学的学生制服以双排六粒扣为特点,由此成为两校划船竞技的运动服。前者由休闲西装发展而来;后者是由瑞弗尔夹克演变成型。这就是后来布雷泽西装(Blazer)诞生的前奏	
1873	职业套装(Business suit)出现。它是以藏蓝色斜纹织物制作,以双排六粒扣为特点,这是后来黑色套装的前身	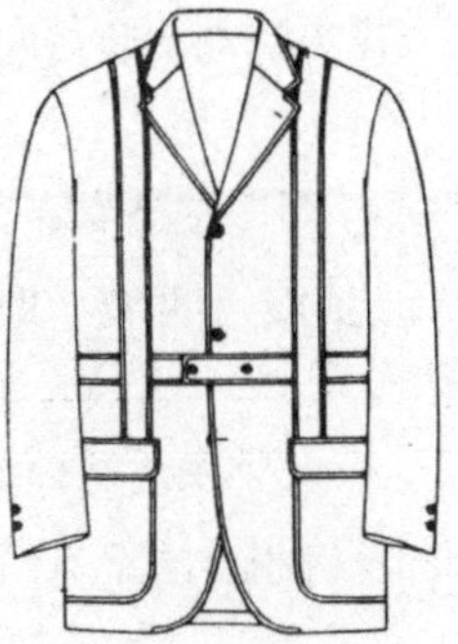 ⑭ 诺弗克夹克
1875	与灯笼裤组合的套装流行	
1876	出现各种休闲裤组合的运动夹克。如诺弗克夹克、狩猎夹克等,使夹克家族类型基本完善。灯笼裤是它的基本配服形式(图⑭和图⑮)	
1888	运动西装流行,大格子休闲裤流行,这是当时社会假绅士、调情者的象征	
1889	巴黎万国博览会	
1890	以布雷泽西装命名的运动西装登场。它可以说是英国剑桥大学和英军舰水手套装结合的产物。双排金属扣是它的初期特点,后来单排三粒金属扣形式加入构成他们的基本款式。名称来源剑桥大学划船选手的大红运动夹克像火焰一样。布雷泽西装原意为火焰	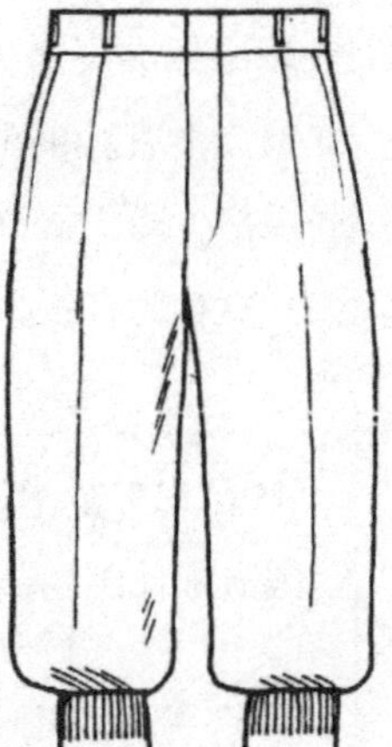 ⑮ 与诺弗克夹克搭配的灯笼裤

年份	重要相关历史事件	插图
1892	灯笼裤普及。高尔夫、自行车等运动成为很普及的体育运动	
1893	翻脚裤出现。首先从英下院议员路易斯汉姆子爵开始	
1896	苏格兰呢休闲西装流行。裤子挺缝线被采用，它标志现代西裤的初步形成	
1898	用白法兰绒制作的裤子流行。它奠定白色裤子作为运动西装搭配基础	⑯ 早期的双排扣布雷泽
1902	瑞弗尔夹克流行，它是今天双排四粒扣运动西装的定型西装，即布雷泽双排扣西装（图⑯）	
1903	大学生运动西装流行。它是一种衣长较短和紧身裤组合的夹克西装	
1908	拉—拉套装大流行（Rah—rah Suit）。它的风格是比标准规格大一圈，显得很肥大。它产生于美国大学社团间的观战服，后成为美国典型的西服风格，即"常青藤"（Ivy）型。造型为自然肩，腰身宽松为直线型，通常与锥形裤组合（图⑰）	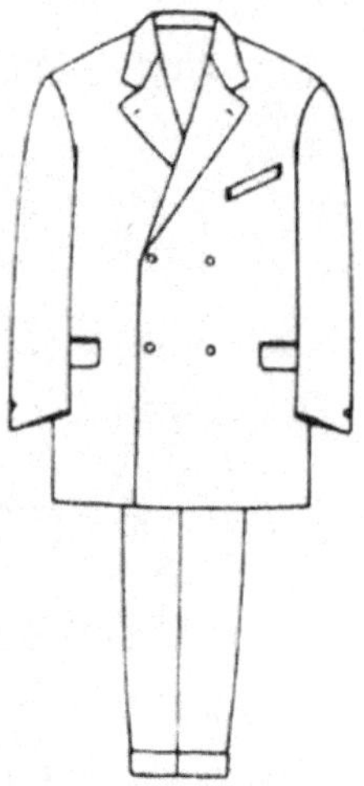 ⑰ 拉—拉套装
1910	自行车产量增加。常青藤风格的休闲西装成为美国人和休闲西装的象征而自成一派（图⑱）	
1911	辛亥革命。锥形裤大为受宠，并伴随着宽边折脚裤流行	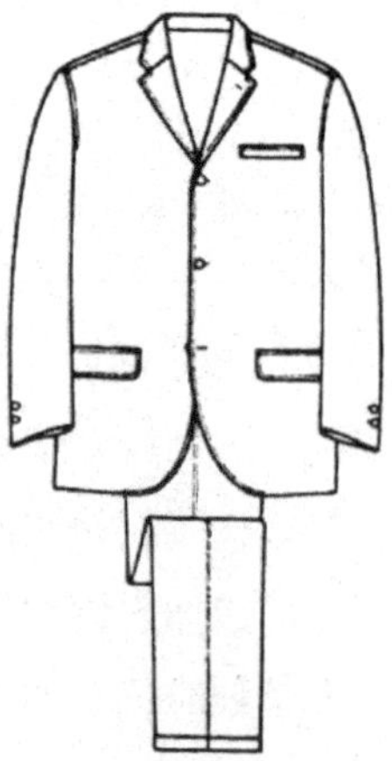
1912	清王朝灭亡，中华民国成立，中山装出现	
1914	第一次世界大战。自然肩型的夹克抬头	⑱ 常青藤夹克

续表

年份	重要相关历史事件	插图
1918	诺弗克夹克在美国流行。运动西装配白色法兰绒便裤达到全盛期	
1919	爵士套装出现（Jazz Suit），是1919~1923年流行的一种合体型套装，上衣从胸到腰合体，下摆长而外展呈喇叭形（图⑲）。裤子短而细有翻脚，与常青藤型相反。采用三件套组合。款式以单排扣为主，有时采用诺弗克式的腰带设计，也有双排扣款	 ⑲ 爵士套装
1921	细筒形裤流行。它是沿爵士套装的裤型发展而来（图⑳）	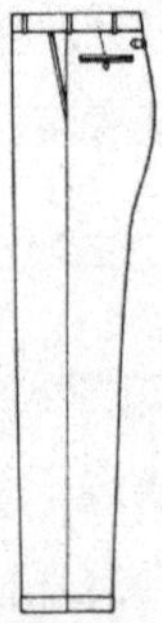
1923	诺弗克套装流行。它和诺弗克夹克不同的是采用相同材质的长裤组合成两件或三件套，诺弗克夹克通常采用不同面料的灯笼裤组合	⑳细筒型裤子
1925	学生套装流行。同时，受前年英皇太子的影响，流行一种运动型及膝灯笼裤，多用在娱乐场所，面料多采用白麻织物，也用传统的白法兰绒和轧别丁斜纹织物	
1926	牛津大学袋型裤流行。它的外形很宽松，像个米袋子。它的寿命很短，前年在英国出现，这一年在美国流行，1927年退出	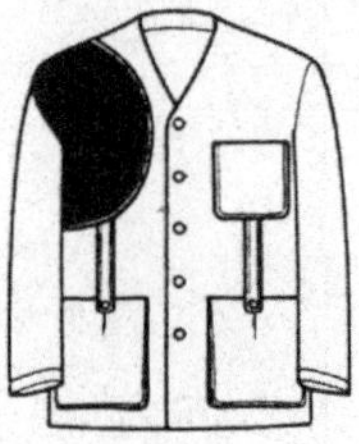 ㉑ 射击夹克
1929	射击夹克出现，这或多或少表现出上流社会对现实的逃避（图㉑）	
1930	白色运动西装流行	
1932	英国式的套装在美国登陆。它与标准三件套装不同，整体宽松多褶皱，上衣采用单排扣戗驳领，这种形制也称不列颠风格（图㉒）。标准型是单排扣八字领	 ㉒ 英式三件套装

续表

年份	重要相关历史事件	插图
1934	受英皇家威尔士影响，苏格兰格布风格的运动西装成为时尚，后来成为好莱坞明星标志性装备。同时，通用短裤出现（Walk—shorts），由竞技用短裤发展而来（图㉓）	 ㉓ 竞技短裤
1935	在美国东部的大学区，黄褐色中古时代犹太人宽长的上衣风格在套装中被重视	 ㉔ 英式双排六粒扣西装
1936	宽松便裤普及。这种休闲廓型在19世纪50年代继续流行	
1938	英国式的套装流行，款式为双排六粒扣右襟有小钱袋（图㉔）。同时，狩猎夹克流行，其肘部和右肩架抢的鹿皮补丁被固定下来，成为轻便西装家族的一种标志格式（图㉕）	 ㉕ 狩猎夹克  ㉖ 竞技夹克
1939	第二次世界大战爆发。流行一种牧场式的运动西装（Padock model），造型为单排两粒扣，但比通常款式的这种套装扣位靠上、扣距较近，三粒扣时系靠上两粒与竞技夹克类似（图㉖）。还流行一种低开领的双排扣戗驳领套装，通常为六粒或四粒扣系最下一粒。它一直到今天仍是双排扣西装的主要形式（图㉗）。 同时，这一年各种竞技短裤推出。如巴米特夏季格子短裤（Bermuda）、白色运动短裤（Tennis）（图㉘）、克鲁卡短裤（Gurkha）（图㉙）等	 ㉗ 低开领双排扣西装  ㉘ 运动短裤  ㉙ 克鲁卡短裤

续表

年份	重要相关历史事件	插图
1941	受第二次世界大战的影响，绅士服全面呈现军服枯草色的色调。同时有一种长形单排扣直摆上衣与立挡较深锥形便裤组合成的套装流行。这种很肥大夸张的套装在美国年轻人中流行，因与当时的战争气氛很不相称而昙花一现（图㉚）	 ㉚单排扣直摆套装
1943	类似衬衣的森林夹克流行（Bush Jacket），这与当时贵族的森林探险有关。这就是后来被称作游猎夹克（Safari Jacket）的前身，在今天它已被列为户外服的职业上衣，受记者的青睐（图㉛）	 ㉛游猎夹克
1945	无领运动西装（Collarless blazer）流行。最早在1942年出现在美国西海岸，用深蓝色法兰绒制作。今天成为轻便型运动西装的典型格式（图㉜）	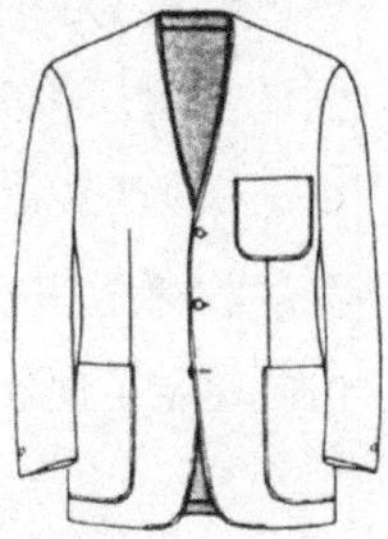 ㉜无领运动夹克
1946	宽肩套装(Bold 西服套装)出现。1948年在美国大流行，它是低开领双排四粒扣形式，在英国称此为"美国风格"（图㉝）	
1948	在美国麦迪逊大街（Madison）的男人广告上，开始树起"常青藤"形象。常青藤是指美国东北部8所传统名牌大学的联盟称谓，因穿自然肩、直线型西装的大学群体而成为美国人特有的风格，它与英国和欧洲构成现代西装的三大流派之一	㉝宽肩套装
1949	中华人民共和国成立，中山装定型。盛夏用夹克被重视，特别是尼龙的化纤织物和泡泡纱面料的夹克	

续表

年份	重要相关历史事件	插图
1950	格子呢运动套装（Tartan blazer）流行。窄肩西服流行（Mr T look），它取代了第二次世界大战后的宽肩式成为20世纪50年代典型的美国风格（图㉞）	
1951	玩具男孩（Teddy boys）一时流行。这是英国下层社会的年轻人追求英皇太子爱德华七世小时的风格。"玩具男孩"是爱德华儿时的爱称。服装为怀旧风格，上衣合身较长，裤子细筒型和有领背心组合。同时流行细长型领带	 ㉞ 20世纪50年代窄肩西装风貌
1953	美国的常青藤风格被世界瞩目（图㉞）。好莱坞风格的套装流行。这个时期西装的最大特点是强调变化，和当时美国20世纪50年代流行的汽车一样。西装造型的自然肩直身型（常青藤型）、宽肩收腰型和多变面料几乎都在同一时间流行，由此奠定了现代西服套装的基本格局	
1954	在美国出现职业化套装（Natural look）	
1955	在美国，颓废族（Beat）出现。同时在纽约颓废族和黑人聚集地流行一种怀旧的、讽刺诗（Parody）式的常青藤西装（Extreme ivy）。款式为单排四粒扣，翻领、翻角袖口和右襟的小钱袋都借鉴了英国传统的风格，以表述他们对贵族生活的向往。丝光卡其服装（Chinos）出现，这预示着一种新型西装的出现（图㉟）	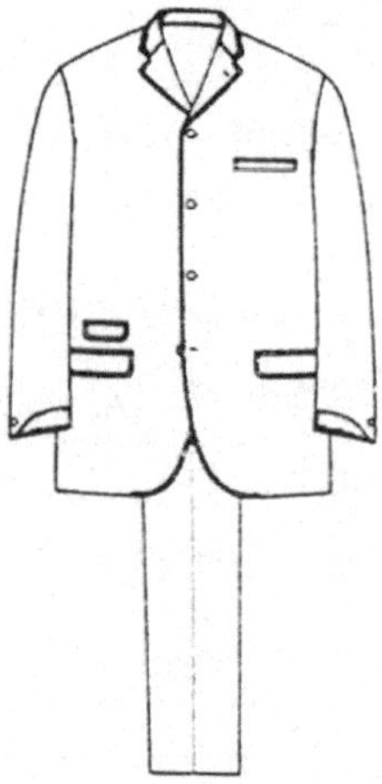 ㉟ 黑人常青藤西装

续表

年份	重要相关历史事件	插图
1956	以意大利为中心的欧洲大陆风格、东方的伊朗和美国成为时装话题。蓝色牛仔裤流行	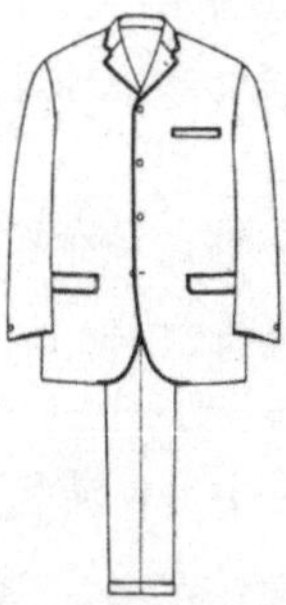
1958	常青藤型套装（Ivy league model）被视为现代男装的主流风格。这年成立"国际男装设计师协会"（IACD）	
1959	在黑人中流行的怀旧风格的常青藤套装趋于简化（图㊱）。因为它流行在黑人爵士音乐派对中，故称爵士套装（Jivey ivy）	㊱爵士常青藤西装
1961	万能的、简约的西装风格被重视	 ㊲ I型套装
1963	保持自然肩风格的职业套装流行。实际上它是在常青藤型后定型的美国西装（Traditional—mode），俗称"I型"套装（图㊲），单排三粒扣只系中间一粒（常青藤系上边两粒）配细筒型裤子。这种风格以当时的美国总统肯尼迪为偶像。这时的休闲西装出现了夏季平纹缟木棉夹克上衣、短裤和赤足便鞋的休闲组合。美国的"崇英派"同时坚守英国风格的I型套装（图㊳）	 ㊳英国风格I型套装
1964	被称为"现代风格"的套装（Contemporary model）在美国西海岸中心流行。它与当时东海岸名门大学的"传统风格"对抗，整体造型较短，单排两粒扣，扣位较低使开领变大（图㊴）。这时西装的花哨风格也成为时尚	 ㊴反传统的西海岸风格
1965	现代派兴起	

续表

年份	重要相关历史事件	插图
1966	中山装、尼赫鲁套装被时尚界瞩目（图㊵）。喇叭裤出现并流行	
1968	衬衣夹克复活（图㉛）。尼赫鲁套装（学生制服）流行	
1970	牛仔裤流行（图㊶）	㊵ 中山装
1974	新古典主义在当时的电影《华丽的盖茨比》是以白法兰绒三件套装为典型。故被称为盖茨比风格（Gatsby look）。这时，裤子的下摆变化多样性。如钟形、直线型、细筒形等	
1975	受意大利乔治·阿玛尼（Giorgio Armani）先锋派设计师的影响，米兰时装开始被瞩目	㊶ 牛仔裤
1976	由美国设计师拉夫劳伦（Lauren Ralph）倡导的英国传统的美国西服被重视（图㊳）。它主要出自布鲁斯兄弟（Brooks brothers）的高级男装专卖店。同时，以耐久性为特色的工装裤流行，预示着"功能主义"成为现代服装的主流（图㊷）	㊷ 工装裤
1978	喇叭裤开始衰退	㊸活褶西裤主宰现代西裤
1980	纽约传统风格抬头。它主要指美国东部名校的常青藤风格。腰部带活褶的便裤出现，由此形成现代锥形裤的基本造型（图㊸）	
1982	受电影《火红的战车》的影响，流行20世纪20年代英国情调的运动套装（图㊹）	㊹怀旧的布雷泽

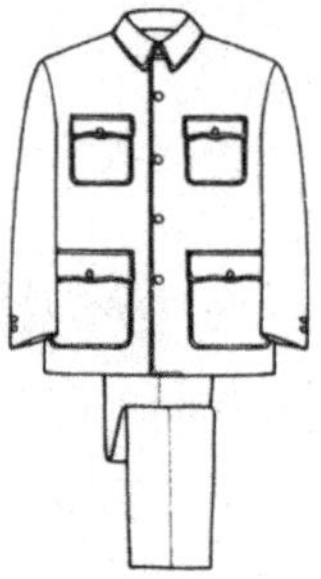

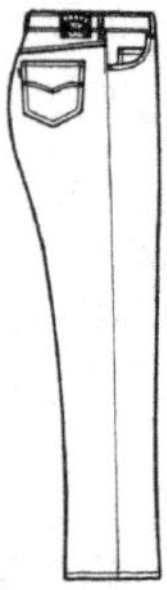

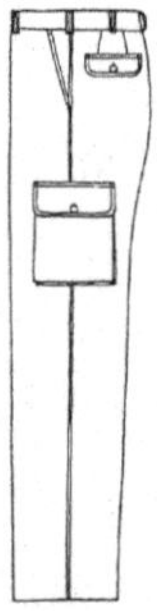

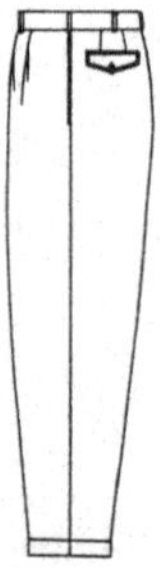

续表

年份	重要相关历史事件	插图
1984	标准型运动西装继续流行（图㊺）。同时流行一种叫克鲁卡的短裤（Gurkha）。克鲁卡是欧美国家对尼泊尔人的统称。因此它通常作为周末避暑的休闲裤（图㉙）	 ㊺ 准布雷泽
20世纪末至今	从20世纪20年代到今天被固定下来的西服套装、运动西装和休闲西装的基本格局，但它们仍承载着重要历史时期的信息 单排扣  ⑭ 诺弗克夹克 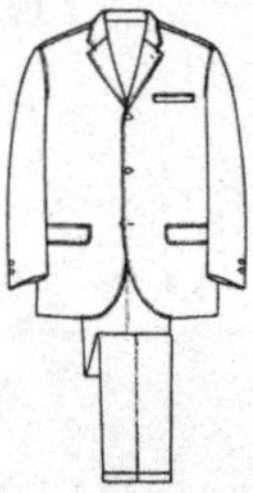 ⑱ 常青藤夹克  ㉒ 英式三件套装  ㉕ 狩猎夹克  ㉖ 竞技夹克  ㊲ I型套装  ㊳ 英国风格I型套装  ㊺ 准布雷泽 双排扣  ⑥双排扣水手外套  ⑬ 瑞弗尔夹克  ⑯ 早期的双排扣布雷泽  ㉔ 英式双排六粒扣西装  ㉗低开领双排扣西装  ㊹ 怀旧的布雷泽 ㉝宽肩套装	

‖ 第二章 ‖

西服套装（The Suit）

　　"西服套装"一词在英语中是适合、相称的意思，在服装中将其作为一种类型的称谓，是为了传递这样的信息：男士只有穿上合适❶ 裁剪、颜色和面料的西服套装，才能体现出绅士的优雅和品位。而且裁剪、颜色、面料是按照重要性的先后顺序去排列的，将裁剪放在首要位置是因为它是决定一件西服质量的最重要因素。当你因为不知道如何选择西装而犹豫不决的时候，选择一套裁剪精良的西装比选择虽然面料上乘但是做工粗糙的西装要好得多。所谓裁剪精良指的是从 20 世纪 30 年代左右就开始使用并一直延续至今的经典纸样，它不受任何流行趋势的影响，在现在看来被认为是当时那些优秀的裁缝和成衣裁剪师近百年积淀下来的技艺结晶，这是以被服装界奉为圣经的文化符号，成为"国际服"标准就不足为奇了。以专业的眼光判断，"西服套装"一定要有技艺，但不是现代意义上的技术。

　　如果说裁剪技术是表达拥有者务实精神的话，西服套装对形态的约定则是拥有者对本集团社交伦理的恪守，并通过 THE DRESS CODE 固定下来。因此在它看来，西服套装专指相同颜色和材质组成的西服套装，与其说是一种样式不如说是一种规则。上衣和西裤组合称为两件套西装，上衣、西裤和背心组合称为三件套西装。不同时期、不同时代背景下诞生出了不同风格的西服套装，根据诞生地和本身的功用将会产生不同的西服套装风格，但相同颜色和材质的组合形式不会改变，这便是 THE DRESS CODE 的特质所在。

---

❶ "合适"是指符合当时的场合、时间、季节和气候等，即 THE DRESS CODE 的基本准则，根据时间、地点、目的决定着装方案的原则。

一、西服套装的风格论

　　西服套装根据不同的形制特点有不同的称谓，根据 THE DRESS CODE 文献研究，今天西服套装的格局都是从常青藤风格（美国风格）、英国风格演变而来，而美国风格的包容性表现出影响西服套装发展趋势的作用。

（一）常青藤与美国风格

　　在 THE DRESS CODE 中就西服套装而言，常青藤和社交规则有什么联系，这里可以用一个公式表述，常青藤 = 名校联盟 = 贵族俱乐部 = 美国风格 = 社交规则，这是为什么？

　　常青藤联盟（Ivy League），是指美国东海岸的八所高等学府组成的体育赛事联盟，即名校联盟（图 2-1），分别指布朗大学（Brown University）、哥伦比亚大学（Columbia University）、康乃尔大学（Cornell University）、达特茅斯学院（Dartmouth College）、哈佛大学（Harvard University）、宾夕法尼亚大学（University of Pennsylvania）、普林斯顿大学（Princeton University）和耶鲁大学（Yale University）。这八所学校都是美国最顶尖的大学，也是美国历史最悠久的大学，其中有七所是英国殖民时期建立的。常青藤联盟最早指的是非正式的大学美式足球联赛，起源于 1900 年，当年耶鲁大学捧得首个冠军。由于常青藤联盟中的八所大学都位于美国东海岸，所以这里的常青藤风格是指流行于美国东海岸地区上层社会的西装风格。

图 2-1　美国常青藤联盟名校徽章

　　由于它的体育背景，可以说常青藤风格是现代休闲西装造型（裁剪）的鼻祖，自然肩、无腰省、直线型、单排扣、平驳领是它的基本特征（图 2-2），它经历了将近 100 年的锤炼，形成了一个庞大的常青藤帝国，所以无论在社交界还是时尚界都不能无视它的存在。应该说现代意义上的西服套装造型格式是由它建立起来的。

　　窄肩西服套装（Narrow shoulder suit）是指常青藤中窄型自然肩造型（narrow & natural shoulder）。它是常青藤款的古典版本，一段时间里在欧洲这个常青藤款却作为最新款被重新唤醒，即

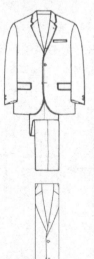

图 2-2　Ⅰ型西服套装

使在美国，拥有它就意味着超越时空的传统味道。其特征为，狭窄的自然肩、没有前省的直筒型、间距较大的三个纽扣中系上边两个纽扣、稍稍裁剪变圆变大的前摆。裁剪为三缝结构，后身中央为钩形开衩，佩带扣门襟的直筒宽松长裤。其实这完全是从英国维多利亚传统中被美国化了的"美国传统"。后来产生的各种常青藤风格都带有这种基因——自然肩直身型。这也几乎成为现代版西装的代名词。

I型西服套装（Number one sack suit）是最具典型的常青藤风格，也被称为American Traditional model（美国传统款型）、Traditional natural shoulder model（传统自然肩款型）、Rolling-down model（翻扣式款型）、Brooksy model（布鲁克斯款型）。它是常青藤风格商务套装的基本型，也是现代西服套装的传统之一，概括讲就是传统的美国型西服的典型，通常认为它是由著名的常青藤原型或者它的定型版演变而来。最早是由布鲁克斯兄弟公司在1918年所推出的单排三粒扣自然肩西装，可以说它是传统西服套装的鼻祖。单排纽扣西装的三粒扣中只扣中间一粒纽扣，这种形制也是布鲁克斯传统款西服家族标志性符号。布鲁克斯兄弟是美国最古老的绅士品牌，布鲁克斯兄弟所创造的保有英国血统又极具美国文化的西装风格堪称绅士的标志，因此在社交界有一种说法：不懂得穿布鲁克斯就如同没有进入美国的主流社会，以至成为整个国际社交界的潜规则。

这主要取决于它在工商界被广泛使用并在整个西方世界流行，在1930年代被称为"通用款"。由于美国文化逐渐成为强势，进入1950年代称为"常青藤风格"，在1960年代确立其经典地位被称为"传统款"，直到现在成为大家所熟知的西服套装"基本款"。其实"基本款"的起源是从维多利亚时代开始的休闲服所发展起来的，可以说它是当时非常时尚的一种便服，亦称散步服（见表1-1图⑦）。以这种便服为基础，布鲁克兄弟经过创新，在近代还做了商务装的市场推广，这就是号称Number one Sack suit（I型套装）的布鲁克斯型西服的由来。在社交界、时尚界成为一直延续到今天的传统西装的经典。相对于原型版常青藤的单排三个纽扣，系上边和中间两扣式，I型最大的特征同样是三个纽扣，但是其中上端的一个纽扣为翻扣式，到现在它也是解读常青藤I型的密码（图2-2）。两者之间的共同点是自然肩没有前省（直身型）。概括地讲跟前者的常青藤款相比，I型款则更被认为是信奉"中庸"这一信条的自然肩西服套装。因此在商务套装中I型款更适用。这也证明它作为时装用语的I型西服套装在1961年登场，正是美国工商业大发展的时代，也为现代商务西装的定型（单排两粒扣系上边一粒）打下了基础（图2-3）。

常青藤原型　　　　　常青藤 I 型　　　　　现代期两粒扣型

图2-3　商务西装演变

最典型的美国风格是 Ivy league model（常青藤联盟款式），也被称为 Extreme traditional（极端传统式），是标准类型的夸张版。即将常青藤风格（自然肩直身型西装）作夸张处理，可以说是 Ivy league model 的异称。所谓 Extreme ivy（极端式），是更强调美国贵族的冒险传统而不是英国的保守。

它被认为是美国式西装的经典款式之一。流行于 1940 年后半期到 1960 年初，与 I 型常青藤共治。其特点也是自然肩、没有腰省的直线型轮廓，小 V 型翻领、止口（门襟边缘）缉缝明线、水平矩形有盖口袋以及钩状开衩（hook vent），秉承着常青藤的一贯风格。穿着特点是单排三粒扣系上边两粒，保持着原始常青藤格式，或者是系中间一粒的驳领中存一个扣式的 I 型格式，和直筒细长型西裤组合而成的两件套或三件套装（图 2-4）。它在日本 1957 年左右开始成为工商界谈论的话题，20 世纪 60 年代初在时尚界流行起来。成为现代休闲西装风格的常青藤西装是由以阿玛尼为首的意大利系的设计师大量收藏而炒作起来的。让人记忆犹新的是，这种拉丁风的常青藤样式在时尚界的确立是经从 1989 年秋天开始的美国风的刺激之下形成的，后来在时装界刮起的前卫常青藤与此有关。

典型的是 **Extreme ivy（极端常青藤）**，又称格林尼治常青藤，是指 1955~1957 年，在纽约的格林尼治村的 Beat（披头族人）和黑人之间所流行的滑稽模仿类的常青藤西服套装。其特征为单排四纽扣的上衣配没有折边的细长裤子。上衣的衣领上常常会带有天鹅绒，袖口带有翻边、右侧袋上加装小钱袋（图 2-5）。这些手法显然是低层模仿英国化贵族的典型表现，"常青藤"说明是在自然肩直身型造型下组合的，又表现出美国本土化的特性。这种成功杂糅的美国化时尚，在社交界影响深远。

图 2-4 常青藤联盟款式

这其间还有 **Jivey ivy（摇摆乐常青藤）**，被通俗解释为非正规常青藤、摇摆乐常青藤。是 1958~1961 年间在黑人中盛行摇摆乐而流行的夸张版常青藤西服，也是继极端常青藤流行之后的升级版常青藤的一种，但它的简约设计成为时尚不可逆转的潮流。

常青藤主流风格并没有受到"前卫常青藤"的干扰，可以说它们是在和平共处中谋发展，但常青藤的"美国意志"从未抛弃，这就是功能主义的多元文化。主流常青藤基本是沿着 I 型西服套装发展而来，诞生了 Number two suit（II 型西服套装），也被称为 **Number two model（II 型风格）**，是布鲁克斯兄弟公司在 I 型西服套装基础上推出的。其整体外形轮廓和 I 型相似，只是增加些收腰（但仍没有前省），并普遍运用单排两粒扣形式。登场时间为 1961 年，在当时工商界大行其道而成为现代美国款西服套装的经典，以此确立了国际商务西装的基本样式（见图 2-3 现代期）。

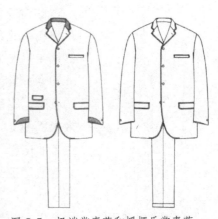

图 2-5 极端常青藤和摇摆乐常青藤

由此常青藤风格被固定下来，被视为美国西装的主流风格，在世界西装格局上也确立了美国的主导地位。

作为多元的美国文化，与东海岸常青藤共治的还有西海岸的美洲大陆风格，作为整个美国西装风格是不能被忽视的。与东海岸常青藤风格所不同的是，西海岸的美洲大陆所流行的西服套装通常为衣长较短、单排扣、浅开衩、浅色调、短角领、配细长型裤子。但仍保持自然肩直身型的结构特征，最具代表性的是 American continental model（**美洲大陆风格**）和 Contemporary model（**当代款型**）。

美洲大陆风格也被解释为 Trans-american（脱离美国款型）。用脱离的含义，是因为其随处可见试图摆脱美国型（常青藤）的构思。其设计源泉是当时流行的 Italian continental（意大利大陆式），而演变成一种新美国风格，后来加以整理而世俗化为 American continental（美洲大陆式）。它从 1958 年左右开始流行，是 IACD（国际绅士服设计师协会）于 1958 年发表的西服套装新款中的一种。衣长较短、圆摆、单排一粒扣，双开线口袋（侧袋），袖口有小翻角卡夫，由此可以看出它源于吸烟服样式。和细长的西裤组合，成为 20 世纪 60 年代初爵士乐手的喜好服而出名（图 2-6）。这些保有意大利味道和平民气质的美洲大陆风格，如果我们观察同时代的意大利西装却有些常青藤的美国韵味，这简直是美国版的"围城意识"。这预示着贵族和贫民都有彼此向往的东西，并有互相借鉴的元素。

图 2-6 美洲大陆风格西服套装

Contemporary model（**当代款型**）也继承了 American continental（美洲大陆）的传统，在 1960 年代初期到中期流行，也被时装评论家认为是西海岸风格的典型。在当时是与东海岸的常青藤传统风格相抗衡而备受瞩目。其款式特征为单排扣，被称为"Low 2"的低开襟双纽扣类型，整体上长度较短、侧开衩较浅、没有前省。外形轮廓在 H 型基础上也会出现 L 形、T 形等。以淡暖色调为主。领型以短角领的变化为首，还有简化口袋和衬料等设计都成为这种西服的魅力所在。西裤大多为无腰带式的锥子型（渐渐变细），裤脚无折边。并作为 IACD（国际绅士服设计师协会）于 1963 年秋所发表的四个流行款中的其中一种（图 2-7）。

在常青藤和西海岸游离出来的还有两个著名的美国风格：粗犷风格和 T 式风格。**Bold 西服套装（粗犷式套装）** 是在第二次世界大战结束后美国推广的新款，特别是在 1948 年开始到 20 世纪 50 年代初期非常流行。一般认为这种西装的外形强调宽肩、宽领和明显的收腰。搭配宽松具有悬垂感的西裤，其整体强调强壮（硬汉）的效果（图 2-8）。 1947 年由于 Victor Mature（维克特·莫切尔）主演的电影《死亡之吻》所穿着的戗驳领西装，并且在这个类型中又创造了低开领四粒扣全新的样式。所谓"粗犷"可谓具体可辨，不仅如此，这种样式被历史锁定在现代双排扣戗驳领西装两个经典版本之一，这就是以英国为代表的古典版黑色套装和以美国为代表

图 2-7 当代型西服套装

图 2-8 粗犷式西服套装及 Victor Mature

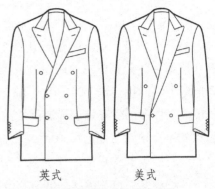

英式　　　　美式

图 2-9 古典版和现代版黑色套装

的现代版黑色套装（图 2-9）。因此，在英国就出现了 American 西服套装（美式套装）的说法，实际是指低开领双排扣戗驳领的现代版黑色套装。

由于美国人不擅长这种双排扣戗驳领的样式（过于束缚），很快被一种 **Mr. T look (T式风格)** 所取代，其别名为 Three T look（三T风格），Three T 取自 Tall（身高）、Thin（瘦）和 Trim（修饰）三个词的字头，意思是说对瘦高的人加以修饰的常青藤风格。从1950～1954 年在美国流行，被认为是 Bold look（粗犷风格）的替代款。其特点是比 Bold look 款的肩部和翻领较窄，整体上呈细长型轮廓的常青藤风格。可以说是 20 世纪 50 年代典型 American look（美式风格）向"常青藤"全新的回归（图 2-10）。由此可见，常青藤风格不可抗拒的休闲功能（自然肩直身型）始终左右着美国西装风格的格局，也影响着世界西装造型的趋势。这正是 THE DRESS CODE 中西装格局不能轻视常青藤风格的原因。

图 2-10 T式风格西服套装

（二）英国风格恒久的密符

褶皱、明显收腰、小钱袋、前胸省，还有加入马甲的组合、丰富的隐条纹羊毛面料等都是典型的英国元素，其实最重要的不是这些元素本身，而是不要把它们安错了位置，它们恒久不变的神秘符号才是揭示 THE DRESS CODE 绅士文化的魅力所在。

Three-piece suit（三件套西装） 是最具典型而古老的英国品质，可以说是现代西服套装的经典范式，是指上衣、马甲、西裤为同一材料缝制而成的西服套装。同义词有 Three-pieces（三件套）、Vested suit（带背心的西服套装）、Matching three-piece（相匹配的三件套）。反义词有 Unmatched three-piece（不相匹配的三件套）、Separated three-piece（分离的三件套）、Three separate suit（三件分开的西服套装）。其实三件套西装在主流社交中的含义是指不列颠风格的西装。

Three-piece suit 的原型是 Dittos（意为"同样的东西"）。Dittos 之类的英文词，往往会想到是指与其他服装相同的意思而产生误读。可见，Dittos 是指现在大家常说的三件套西服套装，即相同颜色和质地的上衣、西裤和马甲组合的最初称呼。因此，今天也有被称为 Ditto suit 或者 suit of ditto，是指同一类的东西。但是不管哪一种，其最早的例子是在 1730 年英国画家 John Watson 笔下所画的罗伯特·沃波尔爵士（Sir Robert Walpole）的人物画中所见到的。好像是沃波尔在自己的故乡所穿着的乡村服装（郊游服），典型的是用蓝黑色的天鹅绒布料所缝制的上衣、马甲和马裤三件套西装。但是 Dittos 作为词汇的登场却要略微推迟到 1740 年代了，这个词被普遍使用是在 1750 年代。而有上衣、马甲、长裤的三件套西服套装这样近代含义的 Dittos，初次登场的时间为 1830 年，据说是德国美因茨的维特根斯定制店所设计出来的，上衣也不是今天大家常说的西服款式，而是尺寸较短的一种双排扣西装。裤子也是当时流行的被称为"大裤脚"的一种，其特征为前开襟是门帘式的门襟，裤腿像现在的滑雪裤的样式、带有 Strap（为了在穿裤子的时候不沾到鞋上的泥土而在裤脚所装的细带）。

现在印象中的三件套西装即由西服款上衣、马甲以及宽松式的长裤子所定型的风格，是在 1860 年代普通西服套装被当做日常套装而流行起来的。因此，严格意义上说，西服套装的历史到现在为止也就是刚刚经过了 140 年。在学术界对三件套西装有两种观点，认为仅有 140 年的是趋向于保守的观点，持有 140 年以上的观点则是有改革倾向的观点。但无论哪种观点，都会接受英国风格是三件套西装的经典样式（图 2-11）。

图 2-12　日本首相宴请韩国总统卢泰愚的请帖（左下角"Lounge suit"是指英国式的晚宴套装，即英式塔士多礼服）

图 2-11　19 世纪末身着三件套西服套装的英国绅士 Benjamin Disraeli（本杰明·迪斯雷利，当时的英国首相）

图 2-13　威尔士套装（1932 年风格）

Lounge suit（休闲套装） 如果用当今"休闲西装"的意思去解释是错误的，它是两件套或三件套西服套装英语叫法的前身，是第一次世界大战之前"西服套装"所使用的常用语，由于工商界人士的广泛使用而变得较正式。因此，由 Suit 作为 Lounge suit 的略装使用，今天在社交界（请柬）用这个词时，反而有"礼服"的意思，比西服套装还要正式些（图 2-12）。"休闲套装"于 1860 年代登场，Lounge suit 有英国习惯晚餐服的意思，后来只保留 Suit，晚餐之意也就被误化了而突出了商务。美语为 Sack suit。法语为 Complet。

其实，真正英国风格的休闲套装是用 Blouson suit（宽松套装）表述的，是指宽大的上衣和同材料的宽松长裤所组成的西服套装，即 1930 年代的威尔士风格。值得重视的是，这种风格正是今天西服套装的定型之作（图 2-13）。

在西装的经典中 British model（英伦款型）是最适合表达英国风格的服饰用语，一般指以褶皱风格（Drape style，图 2-14）或者骑马风格（Hacking style）为样本的各种西服套装。款式系统完备而严格。单排扣类型包括两粒扣式和三粒扣式。双排扣型为六粒扣式或者四粒扣式。肩部工艺都采用定制垫肩。胸部和背部一般都带有风格的褶皱，而腰部有明显的收腰。单排扣的下摆有翘臀和收臀的变化，双排扣的下摆一般为臀围有适度的合身感。上衣长度单排扣和双排扣都为标准的能够盖住臀围的长度，背部会裁剪有中心开衩或者侧边开衩（前者通常为运动西装类、后者则多见于商务套装以及双排扣的上衣中，也有无开衩的，大体是根据流行而定）。有时右侧大袋上会附加小钱袋这是英伦款型所特有的元素。基本材料为深蓝色或者深灰色中有隐条或者细条的精纺麦尔登呢

图 2-14 英式萨维尔街风格和
松弛褶皱的西服套装

（条纹法兰绒风格的精纺呢绒）。由于这些"英国风格"的原型起源于 1920 年著名的萨维尔街，因此，也被社交界惯称为 Savile Row look（萨维尔街风格）。

English drape（英国式松弛型西装风格） 与"萨维尔街风格"有同样的名气，但造型大不相同，它可以说是英国的常青藤风格，也被称为 English blade（英国式自肩胛悬垂风格）。Blade 是指肩胛骨，即从肩胛骨向下裁剪成很松弛而产生悬垂褶的西服新外观。这是 20 世纪至今男装中，屈指可数、最重要且最具影响力的西装新外观之一。

从腰部到背部呈现优美褶皱和松弛感，加之它收紧的下摆，形成独特的"英国式松弛褶皱"（图 2-14）。这在美国也被称为 English drape 或者 English drape 西服套装。从 20 世纪 30 年代到 50 年代前期为止即常青藤西装以可见的飞速崛起的 20 几年中，西服流行被认为已经完全由 Drape look（褶皱风格）所独占也不为过。因为，它们都以宽松著称，也预示着西装发展走休闲路线的必然趋势。

最初褶皱西装被认为是在 1928 年左右，通过伦敦赫敦大道的 Shorte 定制店所设计规划而发展形成的新型西服套装和外套。当时这个制作近卫士官制服的定制店偶然间发现在腰间系上皮带的大衣外套，在胸部会产生很独特的悬垂感，更能使人产生男子汉的印象。因此，Shorte 店立即就将这个悬垂感试着用于了西服套装的制作上，这被视为褶皱西装的开始。最初没有单排扣只有双排扣类型的上衣，后来在单排扣戗驳领的董事套装（亦称英式西装）上也大行其道（图 2-14 右为此典型款式）。同时，和宽松且立裆较深的西裤以及短尺寸的西装背心一起组合而成为风格化现代版三件套西服套装的典范。

此种服装在大众中的流行开始于 20 世纪 30 年代直至现在，在美国是在 2 年后被引入的，并在 19 世纪三四十年代盛行起来。英文中 English drape 的 drape 这个英语词汇来源于法语中呢绒的 Drape。可见这种造型优美的悬垂性是靠上等衣料作保证的，而成为现代绅士服的特质，即充分表现质感的美。

图 2-15 美国英伦款

与"英式松弛西装"相反的风格是 **Bodyline 西服套装（束身套装）**，是指贴身的西服套装。将窄肩、窄胸、细袖、强收腰、长款为特征的上衣和喇叭形西裤组合而成的西服套装。这是和 1930 年代的 Drape 西服套装（宽松套装）完全相对照的廓型。于 1968 年登场。

美国文化的强势和英国文化的厚重，再加入它们传统的血缘关系而产生英美杂糅的风格，是现代西装风格的大趋势。最典型的是 **American British model（美国英伦款）**。顾名思义是指在美国流行的英国风格的西装款式。虽然很难定义它的式样，但一些标志性的元素很容易识别，如右侧小钱袋，整体造型收紧，前省（Front darts）设计使腰身曲线明显，显然这是萨维尔街风格的典型特征，与常青藤美式风格西装相反，但无时无刻不在影响着美国的西装文化（图 2-15）。它之所以成为现代主流西装造型之一跟美国人的推崇不无关系。

British American model（英伦美国款）是它的另一种称谓，发端于 1970 年代末一种新式美国型西服。第一次使这种 Anglo-america（英语美洲型）新外形出世的，是美国设计师拉尔夫·劳伦。后来那些继承了和劳伦有相同传统并喜好潮流的新锐设计师们纷纷推广了这种服装外形。比如亚历山大·杰里昂、萨尔·塞泽拉尼、杰佛里·邦库斯等，而且不仅仅是设计师，还包括纽约的高级男装专卖店保罗·斯图尔特（Paul Stewart）也推波助澜。其实不管是谁都会这样做，因为将"崇英"当成香料是高贵绅士服装设计的潜规则，重要的是成功的美国设计师坚守以自然肩为基调的外形这一点上都是一致的，设计风格是通过各个设计师，根据店铺客户能够见到些许的不同。但是一定会在他们作品的风貌中窥见出时代的共同特征，那就是都有为了强调收腰效果增加了前省，只是没有像发源地的英国那样极端（萨维尔街风格通常表现出极度的收腰风格）。

（三）西欧风格群龙无首

就 THE DRESS CODE 的男装风格而言，英国和美国各占一极，西欧占一极，即三足鼎立格局。但英国居于主导地位，西欧各国的附属地位仍未改变，原因是西欧女装过于发达的法国和意大利，使男装变得"居无定所"，其实这并不是绅士们所期望的。从它们有关风格的文献记录便不难理解。

1. 法国风格

V style（V 字形风格）是西装历史上典型法国风格的代表，但它从来没有成为主流，是因为它实在缺乏专业性。因此评论家认为，法国的男装风格就是没有风格的风格。

美国的常青藤款被社交界推为最新款型所引起注目是在 1956 年左右，而在几乎同一时刻。法国以巴黎为首的其他欧洲各大城市中最引人瞩目的流行款则是 V 字形外观的西服套装，它与常青藤款作为 20 世纪 50 年代中期的两大激进风格而被大书特书。然而，V 字形的法国风格难以像常青藤风格那样形成成熟体系和主流势力而最终被边缘化。

　　V 字形西装的初次登场是在 1954 年春天的巴黎。受常青藤风格的影响，它的外形有明显的宽且溜肩造型，腰身从肩部开始直线倾斜向下摆收紧，是一种上衣较短的倒梯形西装，配上曼波风格的窄脚锥形裤，整体上呈 V 字形外观（图 2-16）。不久之后于 1956 年左右在日本得到推广。由此，法国 V 字形风格在国际时装界被确立为一种地域性的西服类型。

图 2-16　V 字型西服套装

2. 意大利风格

　　其实在西欧风格中最具影响力的是意大利风格。包括爵士套装、意大利大陆风格和软体套装。

（1）爵士套装（Jazz suit）

　　这是从 1919 年到 1923 年间在意大利短暂流行的西装款式。造型整体收身，并由腰开始到下摆呈喇叭状，长度较长的自然肩上衣，组合的西裤长度较短而瘦并有翻脚造型。有两件套也有三件套组合。其款型以单排扣为主（图 2-17），也有双排扣的。最初此种爵士套装被认为是由美国回归的意大利青年设计师 Harry Danunzio 受到拉美人的启发而设计的。Danunzio（当时为罗切斯特的权威成衣服装生产商的设计总监）为了寻找灵感而一个人踏上了意大利之旅。他转遍了各地之后，在罗马短期停留了一段时间，并在此地 Danunzio 找到了后来在美国被以爵士服命名的服装构思，创造了一种美国爵士服与意大利收身造型的杂糅风格。这个构思在回国后立刻就结出了果实，取得了巨大成功。这是 1919 年的事情。随后其他的男士服装生产商也不甘心失败纷纷开发制作了这种风格的服装，但是最终没能战胜 Danunzio，都被认为是 Danunzio 的复制品。

图 2-17　爵士套装

（2）意大利大陆风格（Italian continental）

　　这是指在 1950 年代中期流行于意大利罗马主流的西服款式，由当时引领欧洲男性潮流的罗马著名的裁缝店工艺师 Brioni、Dutch、Ritoriko 所设计制作的全新西服套装。它的造型很有颠覆性，小细领、斜裁大圆摆、四方肩、浅侧开衩、花式口袋以及带有袖克夫特征的紧身上衣，与裤筒上粗下细无翻脚连腰西裤组合，工艺精良。款式以纽扣间隔很小的单排三个扣为主，也有两个纽扣和一个纽扣出现，布料为有光泽的丝质材料，特别是经常使用山东丝绸、鲨皮布等较薄的丝绸材料（图 2-18）。这种罗马裁缝店传统的艺人技艺成为风靡一时的意大利风格，而一时成为与英伦可以相提并论的西装经典，在时尚界可以反复谈论的话题。重要的是在意大利男装历史中成为阿玛尼之前意大利男装风格的主流。

图 2-18　意大利大陆风格

（3）软体套装（Soft suit）

　　可以说这是意大利大陆风格的延伸，是指以软性材料（例如精纺毛、麻、丝料）配合柔性裁剪和工艺为特征的西服套装。特别是指以阿玛尼为首的意大利系设计师所擅长的西服套装。成为 1980 年代后时装界开始大书特书的用语。因为它大大促进了西装简单而标准化的工业化生产格局，而创造了西装成衣化的大众类型，因此它的反义词为定制套装（Tailored Suit）。这在一定程度上推动了欧洲西装风格大众化的进程，作为英国并不接受这种与绅士文化相悖的时尚路线。

3. 欧洲风格

这是指流行于除英国以外整个欧洲地区的西装风格。European suit（欧洲西服套装）是欧洲风格西服的总称。但一般是指英国以外的西欧，尤其是指法国、意大利设计师所设计的西服流行款式。当然每个国家都会有各自不同特色的外形，但是由于英、欧、美这些主流风格的日益强势，迫使其他弱势风格逐渐消失，代替它的则是由于时装设计师的个人风格上的不同而产生的个性化，也就是说现代意味上的欧洲风格是多种多样的，而且根据时尚潮流发源地的不同也呈现出了更多的地域性变化，比如德国风格、日本风格（欧洲风格的日本化）等。所以用一句话来概括其特点是非常困难的事情。但是尽管如此，进入了19世纪80年代后的欧洲风格似乎能够看到某种程度在轮廓上的共通性。其一多数是宽肩型，其二为宽松式的裁剪，其三总体上走的是休闲路线。它的另一种称谓是 Continental look（欧洲大陆风格）。Continental 指欧洲大陆之意，因此，Continental look 更强调以欧洲为代表的西方社会的西服类型。它的唯美和中庸特点，衣长适中，强调腰身造型，两侧开衩。西裤采用裤脚渐渐变细没有折边造型。而成为以公务、商务为典型的国际化西装的基础。

二、 主流和非主流的西服套装

主流的西服套装表现出强烈的功用性。按功用划分西服套装是指在西服套装演变的历史过程中曾经用的称谓，由于演变的时间跨度和多元因素而表现出称谓的复杂性。因而历史中的称谓并不是今天的功用，比如"董事套装"并不一定是董事们所独有，再如"商务套装"，在社交界很难觅其踪影。它们更多的是表达一种价值取向，如有修养、懂规则。

（一）商务套装

1. 大使型（Ambassador model）

全称为 American Ambassador model，是由 IACD（国际服装设计师协会）在 1958 年发布的。以方肩单排两粒扣窄驳领（Small notched lapel）为特征，上衣和裤子均利用宽松的 H 廓型。Ambassador 在英文中是大使、使节的意思，后来演变成国际社会通用的西服套装，亦称国际服（图 2-19）。

2. 经典西服套装（Classic suit）

实际上是所谓商务套装、大使套装、国际套装之类的文学化称谓，或强调它贵族性特质的称谓。在 1960 年代前半期在国际社会成为最普通的用语，也称为 Natural look（本色风格）。可见它在功能、造型和款式上通用性强，且有良好的舒适性而成为商务套装。

图 2-19 大使套装

3. 黑色套装（Dark suit）

这是商务套装的形态描述，但特指套装中正式版本，是深蓝色西服套装的总称。包括蓝色系、灰色系和褐色系，标准款是双排扣戗驳领。它和单排扣戗驳领黑色套装（Black suit）的社交作用基本相同，虽然都被视为准礼服，但 Dark suit 更偏重公务和商务，典型色为牛津灰和深蓝色。Black suit 单排扣戗驳领款式暗示不列颠风格的黑色套装，偏重于做日间礼服（图 2-20）。

图 2-20　Dark suit 与 Black suit

4. 设计师商务套装（Designer's business suit）

这是指经时装设计师专门设计的商务套装。这其中最具代表性的是朗万（Lanvin）、迪奥（Dior）的商务套装，在日本把它们组合成 DC（Designer's & Character's 的略称）商务套装。它们的最大特点是在外形和细节设计中设计师不仅对男装语言（THE DRESS CODE）了如指掌，并发挥其各自的个性，呈现出和常规西服套装所不同的品位。当然，商务用西服套装的基本规则是一定要遵守的，因此，设计师商务套装是为提升商务成功，而绝非增加商务风险。

（二）制服型套装

制服型套装是从军队制服演变而来，是指非主流套装类型，最典型的是尼赫鲁套装和毛氏套装。

1. 尼赫鲁套装（Nehru suit）

这是指以印度总理尼赫鲁命名的学生制服风格的套装（图 2-21）。是 1960 年代后期具有怀旧风格的代表性时装，特别是从 1966 年开始到 1968 年之间在世界范围的时尚界中流行。

2. 毛氏套装（Mao Ze-dong suit）

这种风格因毛泽东（Mao Tsetung）而得名，是以双层立领（企领）为特征的上衣，四平八稳的箱式贴袋保持着军服的特征，无背缝的三开身结构形成了与传统西服套装（X

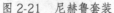
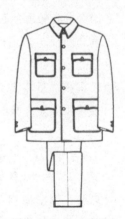

图 2-21　尼赫鲁套装　　图 2-22　毛氏套装

造型）完全不同的箱式造型。通常与翻脚西裤搭配。它的前身是中山装。流行于 1966 年到 1967 年（图 2-22）。

（三）休闲型套装

所谓休闲型套装，从文献的梳理来看，它们不过是历史中的运动服、工作服。以英国为代表的贵族阶层，把上衣和裤子用同一种面料制作而被视为贫民的设计，因为这意味着只能买得起一种衣料而对财富没有更多的占有，也没有华丽感。在古代凡是礼服都是上下、内外搭配的，而休闲服、运动服都成套搭配。这种格局被现代工商业的崛起颠覆了，因此，现代公务、商务越正式的服装其成套性越强，越休闲的西装其混搭性越自由。所以，"休闲型套装"更是自由化社会的反映。今天的休闲西装用"Jacket"表示，一定是上下混搭的；西服套装用"SUIT"表示，一定是上下成套组合的。休闲型套装便是休闲款的西装成套组合的方式，因为这才符合 THE DRESS CODE 的西装规则。

1. 外衣套装（Outer suit）

这是休闲西装的别名，尤其指秋冬版的休闲西装更多一些。Country suit（乡村套装）是它的经典风格。一般指由粗花呢等英国苏格兰乡村风格质地的布料缝纫而成的休闲套装，是一种容易提高品位的冬季版休闲西装。今天的标准版夹克西装（可搭配的单件西装）就是由此而来（参阅第 4 章）。

2. 狩猎套装（Safari suit）

这是用上下一致的材料制作的狩猎型西装。皮质枪托补丁、袖肘补丁、后背活褶是它的标志性元素。Norfolk suit（诺弗克套装）是狩猎套装的另一种经典样式，是指由诺弗克型的上衣和相同材料的裤子或者灯笼裤组成的套装。用粗纺花呢缝制是其特色。在用途上后来被英国贵族普遍作为高尔夫服，而成为绅士休闲西装的经典一直到今天，品位休闲设计不可饶过的永恒元素。

其实，无论是外衣套装、乡村套装还是狩猎套装、诺弗克套装，都跟英国传统的牧场田园生活有关。因此，它们也被称为 Paddock model（牧场型套装），指从 20 世纪 30 年代后半期开始到 40 年代初期为止所流行的怀旧西服风格。其最大的特征是门襟较高的扣位，且扣距间隔较窄的三粒或两粒扣式。它的名称由牧场（赛马场附属的圈地）相关的事务而来，后来演变成对休闲社交的提示。因此，更多被用于郊游套装或者郊游夹克的选择。这种 20 世纪 30 年代流行于英国人和北美人（英系美国人）之间，成为后来社交界品位休闲的标签。但在搭配上基本放弃了相同颜色和材质的套装组合，而选择了自由组合，由此也就脱离了西服套装类型（参阅第 4 章）。

（四）彰显个性的套装

如果说"休闲套装"继承了英国牧场生活而升华为贵族追求本色品质产物的话，"个性套装"则是植根于美国街头文化的叛逆时尚。它的命运虽然没有像休闲套装那样可靠和长久，但无论是时尚界还是社交界都相信，彰显个性的套装才是未来发展趋势，这也是个性套装在美国颇有市场的原因。

先锋派套装（Zoot suit）是一种对年轻人有很大影响力的夸张造型，它几乎成为西服套装先锋派的文化符号，像猫王、迈克尔杰克逊就是一个时代先锋文化的代言人。Al cap suit（阿尔卡普套装）是 Zoot suit（先锋派套装）的别称，美国俗语。因 19 世纪 30 年代末的美国著名漫画家 Al cap 而得名。这是因为那个漫画的主人公创造了一种特立独行的西装而流行。正因如此，成为 19 世纪 30 年代末昙花一现的流行时尚。在第二次世界大战马上要开始之前的美国，以夸张的外形、绚丽的色彩和不拘一格的穿法成为当时的年轻人的风尚。正因为先锋派套装代表了时代先锋的潮流，所以也就不单单是指衣服外形的流行款式，这种服装所影响的相关制品都有所反映。

上衣造型，用厚重的垫肩固定的犹如箱子一般的宽肩，很强的收腰，呈喇叭形的下摆，几乎能到膝盖的上衣看上去更像短外套，从肩到袖口是渐渐变细的长袖，宽幅的西服领而开领很高，夸张的口袋以及整体宽松的崇高型外观。

裤子造型，腰部有较深的双褶，褶印从腰部向裤口延伸，从臀部到膝盖裁剪成夸张的宽松型，到裤脚为止越来越细形成上宽下窄的Y型裤子。是作为Y型裤流行的第一次高峰。

布料风格，大部分为吸引人目光的华丽鲜艳条纹（Z字形条纹或者加入金银丝线的织物等）或者是变化结构的精纺织物。颜色有黑色、蓝色、绿色、红褐色、灰紫色等，整体色调在沉稳中有色彩变化。

附属品风格，衬衫是以粉色、紫色、浅绿色以及金色为主的有色衬衣，袖口没有例外的都采用绅士版本的双层克夫，并配有大号的鲜艳袖扣。领带也同样选用鲜艳配色且多采用印花花纹的丝绸（特别是几何图形或者绘画花纹）。斜戴夸张宽帽檐的软帽，穿黑白色或者米色的鞋，搭配鲜艳色的花纹袜子。配饰总是将长长的钥匙链通过腰带作环状的装饰。这些装扮都是先锋派西装极具代表性的，以颠覆主流风格为己任的（图2-23）。

图 2-23　先锋派西服套装

最初的先锋派套装据当时的记录是于1939年2月在位于佐治亚州盖恩斯大厦里的男士服装店所定制的，客人却是一个餐馆洗碗的男士。当这个客人试穿时，店主惊叹于他充满想象力的极端夸张性，于是作为纪念拍了照片。这种夸张的服装立刻就以Zoot suit（先锋派套装）的名字在纽约传播，眨眼之间就在全美大都市为中心的商业、手工业聚集区的"不良青年"中作为制服迅速流行起来。但是这种流行却很快就没落。两年后，也就是1941年到达了顶点后就迎来了急转直下的结局。耐人寻味的是这个结局是政府官方以非常时期（战争）为借口而介入的结果。也可能这种激进的风格消耗了大量的资源，与倡导节俭的战争气氛格格不入有关。

Zoot suit 这个词据说是由当时做呢绒商的爵士乐领袖 Harlod·C·Fox 所创造的。Zoot suit 的 zoot 最初是爵士乐用语中，对爵士演奏或者是对演奏者的一种称谓。后来这个词变化为有先锋的、叛逆的之类意思的形容词（Zootie），通过 Zoot suit 这个词在社会底层青年和大众中的迅速发酵之后派生出了 Zoot-suiter（先锋一族、前卫派）这样的俚语，如20世纪50年代又迎来了代表美国黑人文化的极端常青藤和摇摆乐常青藤西装的流行（见图2-5），而在时尚界影响深远，尽管这种风格昙花一现，却催生了一种更加理性观念与技术，使不朽之作诞生。

三、西服套装造型格式

　　研究今天西服套装的造型格式，最权威的材料是从研究威尔士套装中获得，因为形成于 20 世纪二三十年代的威尔士套装是今天西服套装的原型。

（一）西服套装的原型——威尔士套装

　　威尔士套装是指传统的英国西装，是 20 世纪 30 年代与美国常青藤风格比肩的主流西装，但威尔士套装，被经典社交看得更为正统和高贵。总体上和今天的套装相比，从胸部到腰部充分表现其体形自然形态；从腰部到臀部线条流畅。口袋位置偏高，收腰位置靠上与三粒扣小开领设计相映成趣。套装的圆领角和衬衫的圆领角是 20 世纪二三十年代显著特征。这种威尔士风格的影响力完全不亚于当时如日中天的常青藤风格，或许因为它高贵的贵族血统而穿行在少数的社会精英中。孙中山先生 20 世纪初穿威尔士西装与夫人的合影绝非巧合，说明在 20 世纪初威尔士套装就成了国际社会的服装主流，按今天的说法就是具有国际惯例特征的国际服（图 2-24）。

图 2-24　孙中山与夫人宋庆龄在日本的合影（1915 年）

　　威尔士套装长裤的腰位比今天要高，采用了合体的腰褶，横裆线以下有充分的松量并且裤腿较长有翻脚（见图 2-13）。这种造型今天看来倒有些前卫，因为在经典面前"流行"反而成了附属品。因此，注重传统，保持经典的风貌才能真正捍卫两性社会的男人形象，不可想象西服套装丧失传统和经典会是怎样。这就是因为今天的经典社交的绅士们为什么还要坚守近一个世纪前的威尔士风格的原因了。

　　1920 年代的西服套装是手工制作大于机械。伦敦的萨维尔大街（Savile Row）是当时最著名的男装裁缝店一条街，以定做为主的高级男装店都云集在此。它们虽然不是大批量加工，但基本支配着西装的加工业，设计和加工方法也形成了传统的英国模式，手工技艺一时成为威尔士套装的一个时代特征，即便到现在社交界仍把萨维尔大街名师手工作品视为西装的顶级。随着套装的大众化需求和社交的普及，伴随着工业革命的到来，西装的批量化加工生产越来越显示出它的优势。从单件人工缝制向大批量机械制造方式发展，促使西装造型的所有要素发生根本改变，这中间包括材料、辅料、尺寸规格、板型、加工技术、工艺手段等都有所改变。我们将 20 世纪二三十年代的威尔士套装和现代的套装相比较，在样式上可以说没有太大变化，但有明显的时代差别，说明生产方式发生了根本变化。然而从社会的文化角度看，现代西装依然可以看出 100 年以前定做加工时代的影子。值得研究的是，国际社交界仍确信，高级手工定做具有不能重复性和艺术的人文价值。定做的套装作品，比起工业化产品来更具有难以抵挡的魅力。因此，威尔士套装的款式、工艺和造型风格，在今天无论是定制还是工业化品牌都是追求的目标，今天西服套装造型的基本格式也是以此为标准诠释着这个帝国的全部信息。

（二）西服套装的基本造型元素与形制

尽管西服套装的流派很多，但其造型元素和形制是相对不变的，这是它100多年来的社交磨炼的结果，西服套装已经成为固定款式、固定搭配、固定社交行为的专用名词了。因此两件套或三件套一定指的是西服套装。由此可见了解了它不仅可以掌握西服套装设计的基本规则，又能认识它的社交语言，这需要从认识它的每个细节开始。

1. 衬里

西装上衣整体上要采用有衬里的设计和工艺。传统西装多采用全里，衬里要用特制的丝织物或人造丝织物，其功能是利用丝织物的爽滑减少外衣和内衣的摩擦使其穿脱方便，全里也可增加保暖量。现代保暖手段更加完备，面料趋于薄型化，因此，夏季风格和简装化西装成为发展趋势。半衬里的设计与这些变化相配合，同时也降低了成本简化了工艺（图2-25）。

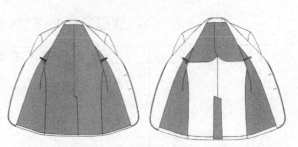

图 2-25　西装的全衬里和半衬里

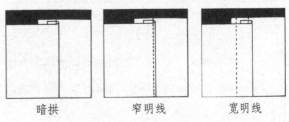

暗拱　　　窄明线　　　宽明线
图 2-26　西装的缝形

2. 缝型

主要体现在前止口和口袋缝边的加工形式。传统或高级的西服套装通常采用无明线暗缝工艺，这主要取决于传统西装以手工缝制为主，缝口边不加任何明线使表面干净整齐。但缝边内外层不宜落实而显膨胀，故通过手针暗拱（拱缝是指从背面入针将面布不露针脚的挑缝），由此表现出很高的手工技艺（图2-26）。今天高级的成衣化西装也有仿这种手工的"针珠机缝"。采用明线"固边"也是趋于这种考虑，同时也创造了一种明线的装饰效果，通常分窄明线和宽明线，这要看面料的粗细薄厚。不过明线工艺不用在正统的西服套装上，更多的用在夹克风格的休闲西装上。

3. 领型

西服套装最通行的领型为八字领，是由翻领（上）和驳领（下）构成的夹角在70～90度之间。当然现代套装不遵此规则的也有，但多在个性化的西装设计上。这种领型通常和单排扣相对应，当选择两粒扣时驳点（驳领的开深位置）较低；选择三粒扣时驳点较高。选择八字领配双排扣或单排三粒扣以上的设计都可认为是超出规则的另类设计。戗驳领通常是配合双排扣，但特殊套装是除外的，如塔士多套装和董事套装是采用单排扣戗驳领配合的形式，燕尾服和晨礼服也是如此。历史上这是从双排扣简化成单排扣的证明，只有戗驳领保留下来成为准礼服的语言标志。在套装中一般不采用双排扣八字领组合形式。戗驳领是双排扣套装的"专利"，半戗驳领的领型即介于八字领和戗驳领之间，它在套装

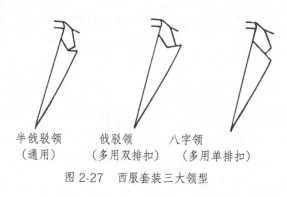

半戗驳领　　　戗驳领　　　八字领
（通用）　　　（多用双排扣）　（多用单排扣）

图2-27　西服套装三大领型

中虽不受各类西装形式的限制（单排扣、双排扣均可），但使用并不普遍。在半戗驳领领型中又分接近八字领的和接近戗驳领的两大类型（图2-27）。

当然，历史中出现过的个性化西装领型很多，但是保存下来的经典都是围绕两种本色领（八字领和戗驳领）做的微妙设计（表2-1）。

表2-1　西服套装的领型（■表示经典程度）

领型	别称及相关介绍	款式图
L 字形翻领 （L shaped lapel）	只有驳领角的翻领。反义词为"Shaped lapel"	■□□□□
花罗纹领 （Cloverleaf lapel）	翻领和驳领都为圆角的 V 字形翻领。译为花罗纹领。只有驳领为圆状的称为 Semi-clover	■■■□□
T 字形翻领 （T shaped lapel）	又称为 Inverted shape（倒 L 字形）。只有翻领角的翻领	■□□□□
V 字形翻领 （Notched lapel）	即八字领平驳领，也称为单排扣西装领，一直以来多用于单排扣西装	■■■■■
尖角翻领 （Peaked lapel）	即戗驳领，指驳领的前端向上伸出尖角，也称为双排扣西装领	■■■■□

续表

领型	别称及相关介绍	款式图
鱼嘴翻领 （Fish mouth lapel）	即半戗驳领，是指翻领裁剪为圆形、驳领为水平状的翻领。能够联想到鱼口而命名	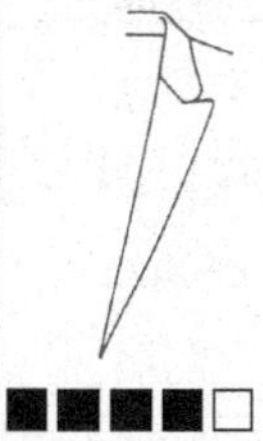 ■■■■□
水平尖角翻领 （Floor leveled lapel）	即平戗驳领，也称为 Leveled lapel 或 Semi-peak。驳领裁剪成水平状的尖角翻领（Peaked lapel），多用在较厚面料的设计中	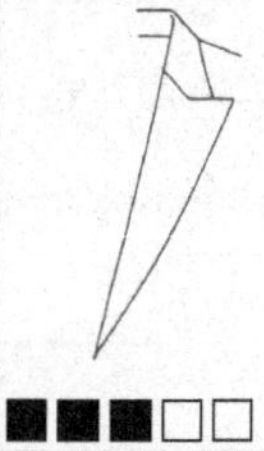 ■■■□□
曲线尖角翻领 （Bowed peaked lapel）	即曲线戗驳领，是尖角翻领的一种。由意大利时装设计师乔治·阿玛尼 1986 年设计的新款	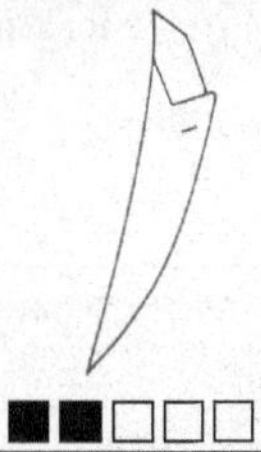 ■■□□□

4. 肩型

西服套装的肩型大体上分为自然肩型（Natural shoulder），与此相对的是宽肩型（Broad shoulder），它们之间的是标准肩型（Square shoulder）。前文谈到的西服套装地域风格类型可以与肩型相对应，美国型为自然肩；英国型为标准肩；除英国外的西欧型为宽肩。一般来说，越传统的肩就越夸张，越现代的越接近自然肩。还有一种在自然肩和标准肩之间的"斜肩型"（Drop shouder），这种肩型是现代准西服套装较流行的。与此相反的就是翘肩（Roped shoulder）。无论是哪种肩型，它们都是时代对服装舒适性和审美趣味的见证（表2-2）。

表2-2 西服套装的肩型

肩型	别称及相关介绍	款式图
宽肩（Square shoulder）	也称为 Broad shoulder，整体肩宽向外伸展	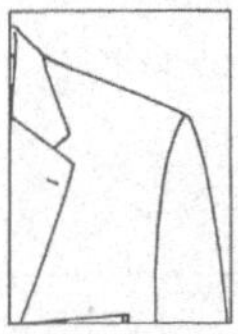
较低肩（Drop shoulder）	比通常的肩线偏斜	

领型	别称及相关介绍	款式图
自然肩（Natural shoulder）	指没有垫肩或者垫肩很少的肩线	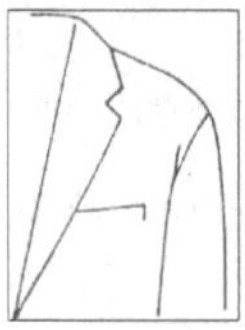
带衬垫的肩（Padded shoulder）	强调垫肩的肩线。反义词为 Natural shoulder	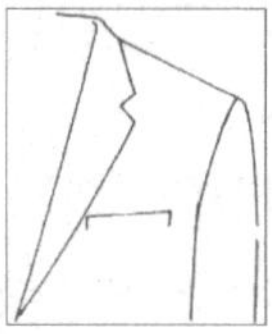
堆高肩（Roped shoulder）	也称为 Buildup shoulder，是将肩袖堆高的肩线，也称翘肩型	

5. 袋型

西服套装标准的口袋设计是一个胸袋（在左胸），因只用于放装饰巾亦称手巾袋，还有两侧大袋。三个口袋均不使用贴袋形式，如果使用可理解为套装的休闲版，因为只要不放弃两件套或三件套统一面料的组合形式都可以理解为西服套装。局部元素的改变说明西装的风格有所偏移，如礼服风格（加进了礼服元素）；休闲风格（加入了夹克元素）。口袋的变化可以说是各种风格变化的重要元素。西服套装中涉及的口袋种类是指它习惯上使用的风格类型，通常有礼仪级别的暗示（表2-3）。

表2-3 西服套装的袋型（■礼仪的程度）

口袋类型	别名及相关介绍	款式图
贴边口袋（Welt pocket）	是挖袋的一种，也称箱式袋，是指在西装的胸部口袋或者雨衣的侧袋上经常采用的梯形口袋	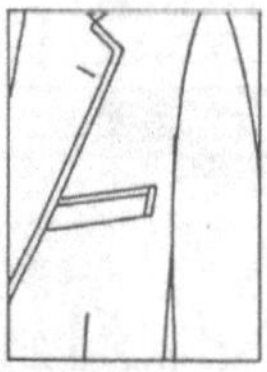 ■■■■□
表袋（Watch pocket）	也称 Fob pocket，西装裤的右腰处所附带的小口袋，多带有口袋盖。现在其设计的意味更强一些。与表袋（fob pocket）同义	 ■■■■□

续表

口袋类型	别名及相关介绍	款式图
单滚边口袋（Single beezam pocket）	是西装的侧袋上所见到的只有一个滚边的口袋，也称单开线。上下都有滚边的口袋称为双滚边口袋亦称双开线	
双滚边口袋（Doube beezam pocket）	指在两侧裁剪有细小的双滚边口袋，英语为Double piped pocket	
大小滚边口袋（Thick' n thin pocket）	下边的滚边要宽一些、上边的要窄一些，俗称大小滚边口袋。Thick 是厚的、thin 指的是薄的意思	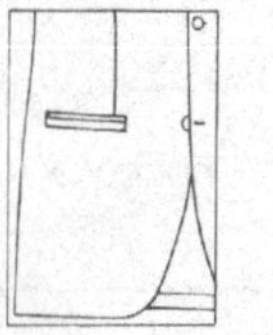
垂直侧袋（Straight side pocket）	西裤侧袋与侧缝重合的设计	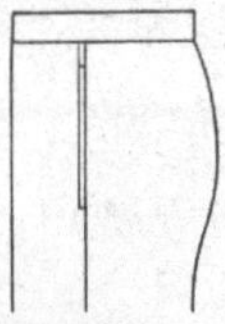
斜口袋（Slanted pocket）	是指在套装上斜着裁剪而成的箱式挖袋	
小钱袋（Change pocket）	Change 是零钱的意思。指西装的右侧袋上的小口袋、一般都带有袋盖。Ticket pocket（票据口袋）也是指此种口袋	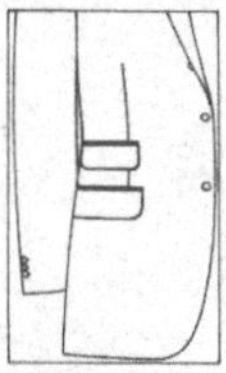
急角口袋（Hacking pocket）	是指 hacking 夹克西装（竞技夹克）所特有的具有锐角带盖的口袋。类似语为 "angled pocket" "slanted pocket" "slant pocket"（都为斜开口袋的意思）是英式萨维尔西装的典型元素	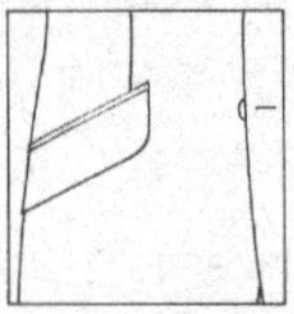

续表

口袋类型	别名及相关介绍	款式图
带盖口袋（Flap pocket）	指有盖的口袋，多用于西服的侧袋上。分为有纽扣和无纽扣两种，Flap & button-down pocket（带盖锁扣口袋）是指将口袋盖扣上纽扣的口袋，多出现于中山装和裤子的口袋中	■■■■□
带盖锁扣口袋（Flap&button-down pocket）	是指将口袋盖扣上纽扣的口袋	■■□□□

6. 纽扣

西服套装门襟纽扣的标准为两粒，必要时系上边一粒表示郑重；三粒扣只系中间一粒为布雷泽风格；三粒扣系上边两粒为夹克风格。这三种格式来源于威尔士和常青藤西装的传统，三粒扣系上边两粒被西服套装借鉴过来成为20世纪20年代威尔士套装的典型特征。下边一粒不系是所有西装的传统，它主要考虑腿部运动和坐姿时前摆无妨碍。随着社会职业化的进程、保暖措施的完备，系中间一粒扣更便捷。随着开领的加大，上边一粒扣显得多余而流行两粒扣西装。今天三粒扣西装的回潮显然是怀旧心理的驱使，但它不排斥其他两种格式，然而超出这三种格式可视为西装的变异，一般作为正统以外的个性化西装（图2-28）。

Blazer
■■■■□

Suit
■■■■■

Jacket
■■■□□

图2-28　门襟纽扣的三种基本格式

套装袖扣也有类似的传统密码。它传递着男士对西装修养积累程度的信息，单从袖扣就可以看出对西装有无研究。西服套装是从夹克西装中发展而来，夹克袖扣的传统为两粒真扣，所谓真扣是指袖扣可系可解，真扣设计在现今的西装中寻求新型礼服愿望的驱动，因为构成西装的元素大多都不适应礼服的要求，例如按常规要求门襟纽扣越少级别越高，夹克西装三粒、西服套装两粒、塔士多套装只有一粒。袖扣刚好相反，夹克西装和运动西装（Blazer）两粒、西服套装三粒、塔士多套装四粒。在这中间，西服套装处在中介状态，这说明套装已摆脱夹克作为礼服低级形式，但又没有上升到准礼服的地位，这就是西服套装为什么可以作为"万能套装""中性套装""国际服"的重要造型元素。同时套装的"中

"庸"性表现出吸纳的特点，对便装（夹克）和礼服的元素都不排斥，因此，套装袖扣有时选择两粒，也有时选择四粒，当然袖扣的数量不同风格也就不同，四粒扣暗示着传统、怀旧、古板、保守；两粒扣暗示着轻便、时尚。前者多用在英国型西装；后者用在美国型西装。白领男士们不敢轻易打破这个规则，一旦打破就需要条件，包括环境、身份、职业、场合等（图2-29）。费雷设计师穿了一套一粒扣的西装，但放到英国首相身上无论如何也不合适。

图2-29　袖扣的级别

7. 后开衩

后开衩源于古代外套，它的形成有两个重要原因。一是古代男子服装无论是礼服还是便服都是过膝的长外衣。这和欧洲的多寒季节有关，同时，带来的就是活动受到限制，加宽下摆是有效的办法。但下摆很大是不经济的，也不是男装的传统（历史上女装下摆总是比男装大使男装大衣后开衩被保留下来）。随着社会和科技的进步，下摆变小势在必行，但要保持活动方便，后开衩就应运而生。二是古代贵族好骑马狩猎，无后开衩的外套显然不利于这些与骑马有关的一切活动。可见后开衩的设计表现出百分之百的功能目的，设在后中位置是其功能的最佳状态，不过定型的后开衩并不是今天的样子，它是后中缝与开衩上端连接处形成台阶状称明开衩即钩形开衩，这种传统样式在今天的燕尾服中仍保持着。

西服套装诞生的一个重要特征就是衣长变短，开衩功能相对减弱，同时绅士的坐骑由汽车代替了马匹，后开衩就变成了十足的摆设，但它没有因此而退出历史舞台，而变成了男装的特别符号，由此就赋予了它可以变化的空间，即传统台阶式开衩、直线开衩和两侧开衩。

虽然它和原来开衩的功能没有太大关系，但它传递着男装特有的语言符号：台阶式后开衩，除燕尾服和晨礼服以外，多用在乘马和竞技西装、常青藤型西装和布雷泽西装中。直线型后开衩为准西装开衩。两边开衩，据说是英国的实业家习惯于手插裤子口袋为其方便而设计，故被视为职业套装的标签。从这些意义上看，西装后开衩的功能远不如它的象征性更有价值，因为与其说无后开衩是缺少了功能设计，不如说无开衩是表现一种简约精神。台阶式开衩就是回归传统；直线开衩为中庸路线；两边开衩为职业先生（图2-30）。

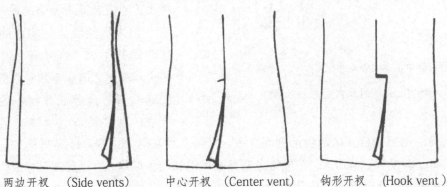

两边开衩　（Side vents）　　中心开衩　（Center vent）　　钩形开衩　（Hook vent）

图2-30　西服套装的三种后开衩类型

（三）西服套装的背心

　　严格意义上讲，不具有背心的套装就不称其为西服套装。因为历史上的西服套装是三件式组合的西装，即上衣、背心和裤子，三件套装也是由此而来的。两件套装（不包括背心）的流行是男性社会崇尚简约化的结果，但它决不能代替三件套装，因为背心在礼仪上是有特别作用的，因此它又被视为准礼服。具有背心的三件套装这样的角色在绅士服中是独一无二的，背心则传递着丰富而特别的信息密码。

1. 西服套装的标准背心

　　背心的最初使用是为了保暖的考虑，它采用很苛刻的尺寸就说明了这一点（在上衣所有类型中背心的松量最小）。早期的背心有领子也和这个目的有关。当它成为男装不可缺少的组成部分时，就产生了对它"整旧如新"的愿望，"保暖"变成了次要地位，进而成为礼服中不可缺少的重要元素。因此，凡属礼服必有背心（或背心的替代物，如卡玛绉饰带）。只有三件套装不属礼服，但有背心，可见它有礼服和便服的双重地位。礼服是不能暴露腰带的，背心掩盖腰带便是它的主要作用。同时，三件套的上衣、背心和裤子的同质同色增加了西服套装的凝重感，这种品格唯有背心才能做到。因此，西服套装级别的高低取决于背心的存在，得体地在套装中使用背心，会给男士们导演成功角色提供了微妙但有分量的砝码。这是因为背心总是跟考究、纯正的英国味、高贵、传统这些绅士气质的词有关（见后文有关背心得体穿着的内容）。

　　由于背心的目的性专一，格式基本是稳定的，即有领四袋六粒扣和无领四袋六粒扣两种。前者为传统型，后者为通用型。现代西服背心多采用无领六粒扣的简化形式，但无论采用哪种格式的背心，与外衣、裤子同质同色的面料是它的基本特征。不具有这种特征，也就不称其为"Suit"，级别亦相对降低。因此，也有人把"Suit"解释为"搭配的唯一性"。那么，"唯一"以外的搭配都不属于套装。背心后背面料要与上衣里料相同（里料的同质同色）。这不仅是规则，也是对套在外边的西装穿脱方便的考虑（图2-31）。

有领双排六粒扣　　无领单排六粒扣　　无领单排五粒扣

图2-31　标准背心的三种格式（传统版、通用版和休闲版）

　　背心在套装历史中有过多种称谓，从这些称谓也可以窥见西服套装形成100多年的风格变化和历史掌故，更重要的是它已经成为现代绅士追求古典高贵品质的重要依据。

　　作为三件套之一的西服背心形成时间并不长，也只有100多年的历史。在这之前也有两种搭配形式，即通常背心浅外衣深的礼服搭配和上衣、裤子和背心的成套搭配也成为平民搭配。时至今日，这两种形制都存在，只是在西装这个范围，成套搭配的背心比混合搭配的背心转换成正式版本。在风格上有英国风格和法国风格，当然英式风格成为主流，而且，它的原型，今天看来是作为休闲风格的花式背心。

2. 花式背心

花式背心（Odd vest）也称异形背心（Fancy vest），一般是指与运动风格西服套装相同的材料制作的背心，也作为替换背心。多为红色或黄色之类的纯色系，花纹多为方格（Tattersall）、彩色方格或者印花纹，其他也有像纤维丝和小山羊皮等异形面料。因此，今天通常把它认为是运动背心和休闲背心而排除西服套装背心之列。

历史上花式背心的另一个称谓是**邮递员背心（Postboy waistcoat）**，所以它有贫民的背景。这是英国邮递员防寒用的厚呢绒背心，它出现在 1790 年代的伦敦。后来模仿它的样式作为时装登场，并以 Postboy waistcoat 命名。特别是从 19 世纪 90 年代开始，和英国本土相比在美国东部更受重视，直到 20 世纪 30 年代末成为贵族日常所穿的主要服装。它的主要特征是领子是 V 型小翻领，后简化成无领形式，单排五粒扣表明它属于休闲背心。

它的最大特点是保持传统的腰线结构并在此配上方形袋盖的口袋。侧缝下摆处有开衩。背部使用毛纺素面材料，前衣身用方块格子的法兰绒或者黄色、深绿色之类的纯毛织品（缩绒厚呢）所缝制，前片的纽扣经常会使用雕刻有狩猎主题（如狐狸头、鹰的轮廓）的金属纽扣。综合这些信息表明它是拥有英国血统的运动背心，这些就是邮递员（postboy）以外所要解读的（图 2-32）。

图 2-32　邮递员背心

3. 方格背心

方格背心（Tattersall vest）可以说是花式背心最重要的品种，就是在今天的社交界，穿着暗格套装是以判断有无背心和形制的地道程度作为品质依据的。它是用普通的白底和两种颜色线交织而成的格子花纹面料制作（图 2-33），一直以来作为运动背心的代表，它的标志形态是和有领扣的衬衫或者配阿斯科领巾的衬衫（比利时式）为代表视为古典搭配，可谓现代西服套装背心的始作俑者（图 2-34）。

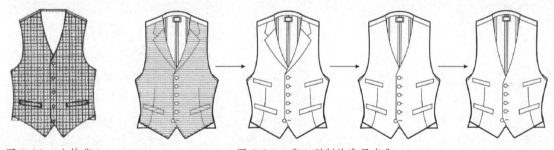

图 2-33　方格背心　　　　　图 2-34　背心形制的发展变化

据文献考证，最初方格花纹称为塔特索尔，是指伦敦郊外（奈茨布里奇·格林）著名的马匹市场的名字，由其创立者理查德·塔特索尔而得名。这个马匹市场诞生于 1766 年的春天。起初并没有格子花纹背心的存在。直到 1891 年才开始第一次在马匹市场中出现，它是用格子花纹的毛毯裁剪的，而成为这个市场标志性服装被称为塔特索尔格子（Tattersall）。

正式作为方格背心是在 1895 年的拍卖季。有一天，在英国德文郡的名门贵族贝德福

图 2-35 有方格背心的西服套装

德等人出席之时，格外惹人注目的是一个年轻运动员的绚丽坎肩装束。它以白色为底红色和黄色交织而成大约3cm的正方形格子图案，款型为单排六个纽扣有领（西服 V 型翻领见图 2-34 左图）、胸部有两个有盖口袋（pointed-front）。之后作为马市运动背心而流行起来的。大约到了 1910 年，格子图案以白色为底的红黑色、红青色、茶色和黄色、茶色和绿色等各种颜色搭配的变化丰富起来，尤其是到了 20 世纪 30 年代，这些已经不单单认为是用作坎肩，而是被广泛地运用在休闲西装中，直到现在（图 2-35）。

花呢背心（Tweed vest）可以说是方格背心的升级版，成为三件套装不可分割的组成部分。它用与外衣相同的平纹软呢裁剪。单排扣、双排扣、无领、有领等可用于背心款式的变化应有尽有，特别出色的是用多尼盖尔平纹花呢（爱尔兰花呢）裁剪而成的有领双排扣造型，由于它与单排扣背心相比过于繁琐而被束之高阁（见图 2-31）。

4. 有领背心

有领背心（Collared vest）也被称为翻领背心（Lapeled vest），是无领背心的传统版。在现代正式礼服中还普遍保持着这种形制，一般与正式礼服配套使用分 U 型、V 型领口，单排、双排扣也各有其主。领型有戗驳领、青果领、方领和平驳领，平驳领背心常与相同面料的西服套装组合，被视为传统风格的三件套。反义词为无领背心（collarless vest、no-collar vest）也是通常意义的标准背心（三件套背心）。

5. 法式开领背心

法式开领背心（French opening vest）是在英式风格以外，最具代表性的一种，与英式不同的是，它的贵族背景更明显，深开领 V 字型的单排扣或者双排扣的样式与贵族的社交有关，流行于 1840 年代。法式背心（French vest）可以说是"法式开领背心"的简装版，多用于白天，1860 年代流行。它是美式背心（American vest）的替换语，说明它早期受美国文化影响较大，高开的小翻领，七粒门襟扣款式成为当时流行的三件套商务西装。材料多用开司米、安哥拉山羊毛（或兔毛）的精纺花呢。与英式四袋背心不同，它左胸部只有一个、两侧各有一个共三个外袋，左胸内侧附带一个内袋。后来简化为单排七扣三袋无领的法式背心，这些小的细节改变在今天传统社交中仍是识别英式和法式背心的密码，也着实诠释着一个老道绅士的着装修养（图 2-36）。

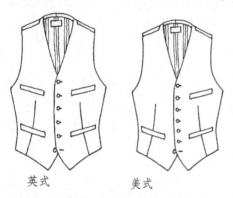

英式　　　　美式

图 2-36 英式和法式（美式）背心

（四）西服套装的裤子

裤子在西服套装中可谓是半壁江山，无论是整体造型还是局部元素都自成系统又互相关联。这就决定了"西裤"与休闲裤完全不同的性质，它的一切构成要素都是因为"组合"而来的，而延伸到可以单品使用。无论它的整体造型，还是局部元素的构成都说明了这一点。

1. 西服套装裤子的整体造型

作为套装裤子和上衣协调是它的基本造型原则。I型西裤即瘦型西裤是长盛不衰的传统型（Pipestem），这种裤型通常是没有腰褶的翻脚裤，带两个腰褶的翻脚裤也是现在流行的式样，常与自然肩、直身型的常青藤风格（美国型）西装组合。在20世纪二三十年代

形成现代套装的初期，裤腿有所加肥并被固定下来，由于这种裤型处在不瘦不肥的适中状态，也被称为中型裤（Straight bottom），被视为现代西裤的基本型。西服套装受现代休闲装的影响而趋于休闲化，与此配合上宽下窄的锥型裤流行起来，为此西裤出现了一到两个的腰褶，这是现代锥型裤的主要特征。腰褶一方面可以改善臀部活动的空间，增加侧口袋的容量，另一方面使裤子的臀部造型有膨胀感，同时收小裤口，这正好是锥型裤（Peg-leg）的造型手段（图2-37）。

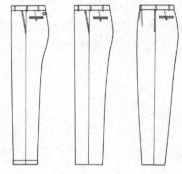

图 2-37　西裤三种风格（依次为瘦型、中庸型、锥型）

2. 西服套装裤子的局部元素

由于受套装既定的礼仪规格的限制，西裤的构成元素也就形成一整套组合规范，甚至有些元素成为禁忌，如贴袋、过多的缩褶等。西裤的侧袋有两种形式，即斜插袋和直插袋，一般斜插袋为通用型，直插袋多用在有腰褶的锥型裤或晚装裤中（直插袋合并在侧缝中）。后口袋有三种形式，即单嵌线型、双嵌线型和袋盖型，一般配套装的裤子采用单嵌线或双嵌线口袋，不用袋盖设计，如果划分级别的话，双嵌线最高，单嵌线居中，带袋盖型口袋最低。后口袋通常两边对称设计，左边的口袋设一粒扣，右边无扣。其目的是因为人们一般常用的是右手，右口袋不设扣而使用方便。左口袋则成为保险性口袋。西裤前腰右侧一般设一小袋或明或暗，它是为装怀表或是钥匙而设，也显示绅士服的传统风范（图2-38）。

裤子腰襻的设计是因为现代西裤不使用吊带使用皮带的结果，因此，有无腰襻大体可以判断是吊带裤还是腰带裤。腰襻的数量传统型多为七个即两侧各三个后中一个。现代西裤有所简化，但腰襻的作用并没有降低反而增加。采用两侧各三个，但靠近后中的两个更接近，使集中在后腰的牵掣力与两侧分散的牵掣力和腰襻的分配更加合理。除腰襻以外，在后腰中部也有"尾卡"（Buckled strap）的设计，它通常用在传统的瘦型西裤设计中，起调节腰部松

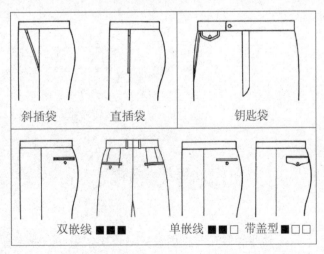

斜插袋　　直插袋　　　钥匙袋

双嵌线 ■■■　　单嵌线 ■■□　带盖型 ■□□

图 2-38　西裤的侧袋、怀表袋、后袋

量的作用（见图 2–39）。

　　翻脚裤虽然没有严格的禁忌，但它有很多需要解读的密码，西服套装是可以配翻脚裤的，但它如果作为盛装时是不可以的，特别是作为晚礼服。

　　总之，西服套装整体和局部的造型元素，是在相对稳定的前提下作微妙的变化，掌握它的基本造型元素的配置，才能从根本上认识它的变化规律。所谓变化规律，是根据西装的传统习惯范围确定其规则，超出传统习惯，就可能发生变异，这需要重新认识，掌握它，更需要相当的时间，因为男装的凝重比花哨更重要，明智的举动是不要贸然处之。因此，对于年轻出道的白领先生，更重要的是要解读它的语言意义，体验它的行为规则，这对晋升更高的社交素质是可靠而有效的（图 2–39）。

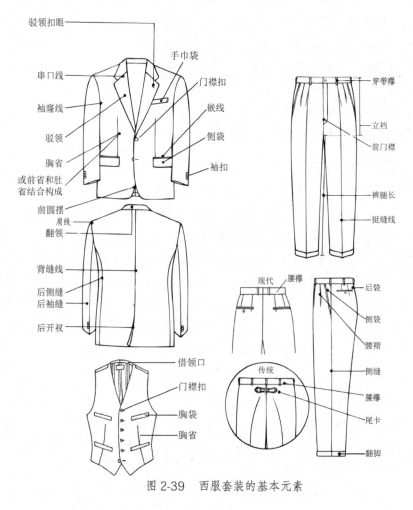

图 2-39　西服套装的基本元素

四、如何得体地穿着西服套装

　　西服套装在三种西装中最正统，因此在适合穿着西装的场合，如商务、公务场合选择西服套装最保险，但也是最容易丧失个性。不过选择保险比丧失个性对于白领来说更明智。

因此，进入白领成功人士的服装修养，大多都是从认识"西服套装衣橱"开始的，何况灵活运动套装规则与休闲西装巧妙结合更能产生高雅品质。这就是职场形象为什么习惯从西服套装衣橱切入的道理。

（一）西服套装衣橱的特别关照

1. 套装数量

西服套装的标准配置就是一套鼠灰色的三件套或两件套西装。它的理想配置就是拥有三种套装，分别是从 10 月到 3 月的秋冬套装，除夏季的日常套装和夏季套装。西服套装作为办公室半正式着装最得体。

秋冬季：近乎黑色法兰绒三件套为首选或深蓝两件套装。

常服：深蓝或鼠灰色精纺衣料两件套或三件套。

夏季：深蓝或灰色系夏季衣料的两件套。

2. 与套装相搭配的其他衣饰

配合套装的衬衫和领带应为它的两倍数量，即六件衬衫和六条领带。

（1）衬衫面料和颜色选择。明朗的面料应作为唯一选择。白色和浅蓝色衬衫两件；牛津纺面料加扣企领白色衬衫和竖条纹奶油色衬衫两件；白色衬衫和牧师衬衫（白领配浅色衣身的衬衫）两件（图 2-40）。

秋冬季 Suit	深蓝色法兰绒、深灰花呢	白色衬衫	浅蓝牛津纺衬衫	浅条纹奶油色衬衫
日常 Suit	深蓝色或鼠灰色精纺衣料			
夏季 Suit	灰色系或深蓝夏季衣料			

图 2-40　西服套装衣橱的理想配置

（2）皮鞋和套装数量相同。黑色无装饰皮鞋为套装的标准配置。茶色休闲浅皮鞋（Coin loafers）为非正式配置。翼型饰纹皮鞋（Wing tip）为英式风格配置（图 2-41）。

所谓西服套装的特别关照，是由于西服套装在当今社交中基本升格为准礼服的原因，因此一些特别场合，在搭配上需要遵守社交定式，这虽是约定俗成，但在个体内心上要以强制性标准看待，这也是西服套装特性在 THE DRESS CODE 中的生动体现。

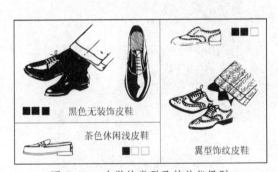

图 2-41　皮鞋的类型及其礼仪级别

仪式和聚会等是特别的场合，这时套装的选择总是规则大于自由。如果选择鼠灰色这种标准版西服套装当然不存在问题，但与深蓝色或黑色套装相比就显得不够到位。不仅如此，白色衬衫、黑色皮鞋、黑色领带是必须而保险的选择。总之这时的套装及其每个细节都不允许有过度的个性发挥，规则和禁忌是必须要考虑的，比如，黑色领带是表示哀悼和告别仪式专属的普世社交语言（图 2-42）。

某些工程的落成仪式、重要会议的开（或闭）幕仪式、创建周年的各种纪念仪式等以深蓝色或鼠灰色套装为首选，三件套和两件套都是得体的选择。另外在户外的仪式还有种

图 2-42　系黑色领带西服套装的社交暗示

称得上专属的三件套，即深蓝色上衣和裤子与银灰色背心（Odd vest）的组合，上衣款式多采用单排扣和戗驳领。这种样式是从董事套装（Director suit）简化而来，称黑色套装（Black suit）。深色套装（Dark suit）指双排扣戗驳领西装也是很讲究的选择（图2-43）。从上述总体的选择规律来看，仪式多指非娱乐性的日间正式场合，因此，黑色套装和深色套装都有偏重日间化的倾向，与此相反的情况也有。

　　结婚晚宴或各种聚会（包括生日聚会，家庭派对等），如果没有对正式礼服的要求，标准三件套或两件套是可以的，最好不要采用深蓝或黑色以外的颜色。这种场合带有喜庆和娱乐性，多在室内进行，同时就餐是个重要项目。因此，可以利用套装进行盛装搭配，即采用塔士多套装的晚装语言作为西服套装的辅助配饰。由于选择主服不是塔士多礼服，配饰也不像塔士多配饰那样严格，如领结用有花纹的，像点子花纹、佩斯利涡旋花纹等。背心可换成卡玛绉饰带并不必使用黑颜色。这种组合类似装饰塔士多礼服的样式，可以说是西服套装的升级版（图2-44）。显然套装这种搭配的改变有偏重晚礼服的倾向。可见掌握了搭配规则，就会使死板的西服套装产生活力适应更广泛的社交空间。

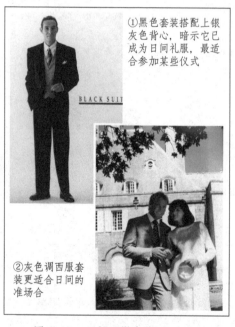

①黑色套装搭配上银灰色背心，暗示它已成为日间礼服，最适合参加某些仪式

②灰色调西服套装更适合日间的准场合

图 2-43　日间西服套装

①聚会时黑色套装配领结是得体的选择

②三件套装配领结暗示它升格为晚间非正式礼服

图 2-44　晚礼服倾向的西服套装搭配

（二）西服套装的成功物语

　　对服装的评价，实际上是对人的评价。其评价的标准有三种情况，即着装得体、着装不得体和着装失败。实际上在交往中无意识的问候语最能获得真实的评价。"这位先生很有风度""先生好帅"，说明着装得体，其内涵是服装以最大的可能把人的气质表现了出来，

这是成功的。"这套西服真棒""西装很考究"，说明着装不得体，因为看到的只是衣服，人却成为从属地位。"难看、邋遢、寒酸、花哨"之类的词，说明着装是失败的，因为服装丝毫没有表现出人的气质。可见服装是对人的整体形象评价不可或缺的媒介。那么，如何产生这种评价？根据什么信息去评价？靠什么去评价？内心所建立的规则是"评价语言"的试金石。"这位先生很有风度"一定是在此时此地，如此着装，行为举止完全符合心理规则所产生的感觉。最能体现心理规则的就是西服套装，因为它是在社交中人们最熟悉的那一类。尽管礼服规则比西服套装严格得多，但都不如西服套装的国际通用性（以国际社会为准则）、级别中庸性（在礼服和便服中都不被排斥）、形态稳定性（不受流行影响）更突出。为此，构成西服套装的所有元素，就保持着与此（国际性、中庸性和稳定性）长期相适应的默契，因此作为初到的年轻绅士了解套装的构成细节和运行规律具有社交的战略意义和必要的实践投入。

例如就套装色调而言，鼠灰色是它的标准色，然而当灰色与深蓝色为伍的套装，深蓝色比灰色是更保险的选择，因此，在社交中选择深蓝色西服套装更多（图2-45）。是否能解读"深蓝"，是白领先生对色彩成功把握的关键。西服套装广泛的使用深蓝色，说明它有礼服的应变空间，但它自身并不是礼服。鼠灰色是套装的本色或标志色。鼠灰如何成为套装的标准色至今也没有权威的考证材料，但有一种迹象可以作出有价值的推断。在现今社会的社交中，凡是晨礼服、董事套装（简化的晨礼服）施展的场合，通常情况下由西服套装取代了。这两种礼服的灰色背心和灰条纹裤是它的传统规则，而且，晨礼服的标准色除黑色以外还选择整体灰色调的组合（上衣、裤子和背心均为灰色）。可见以灰色为标准的西服套装是沿着日间礼服这条线走到今天的（图2-46）。

因此，凡是白天的正式或半正式场合，如果没有对礼服作特别的要求，灰色套装是得体的，用深蓝色套装则更保险。因为从礼仪级别上说，深蓝比灰色要高，在无法判断场合时，

图2-45　2000年世界领导人峰会深蓝色和灰色为伍的西服套装组合仍然有个性提升的空间

图 2-46 晨礼服和西服套装的亲缘关系

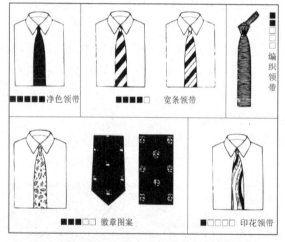

图 2-47 西服套装领带的级别暗示

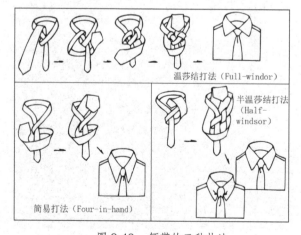

图 2-48 领带的三种扎法

级别取高总比取低要保险。值得注意的是，它还有很多细节帮助我们在保险的前提下提升个性的空间，这是充满个人着装智慧和释放技巧的空间。我们可以从 2000 年世界领导人峰会上获得足够多的这些知识和信息。

（三）领带、衬衫、背心配合有技巧

如果说前两节探讨的是套装款式细节的话，这一节就是探讨套装搭配的细节。而搭配的直观印象大多是围绕领带、衬衫和背心的。

1. 领带的搭配规则

净色领带、宽条领带、徽章图案领带、编织领带和印花领带，它们基本是从高到低排列的，或者可以理解成从郑重到娱乐的排列。总的规律是，净色、深色比花色、鲜艳色更庄重。领带的几何图案比自由图案要更严肃（图 2-47）。作为套装领带应以几何图案和中性色调为标准，更严肃的场合用无花纹或隐纹的朴素色调；娱乐场合用花色领带。当然作为中性的几何图案领带几乎适于所有的场合，只在色调上有所区别。

领带的打结方法是根据衬衫领型而定，因为打结的不同方法，领结的形状不同。按常规，尖领衬衫打小领结用简洁法；方领衬衫打对称的宽结，用繁结法（温莎结）；为追求不刻板的品位，可采用偏结法（半温莎结）。与此相反也有强调严谨的风格。在领结扎好后，在领结下边有穿棒固定领带的机关，不过这要配合有此功能的衬衫领（dimple 夹带领）。作为套装如果精通这三种领带的扎法无论什么场合都可应对自如（图 2-48）。

在我国男士中有关衬衫和领带配合还有一些值得注意的问题。

第一，选择衬衫衣领普遍偏大，特别是老年男士。衬衫领多大合适，虽然没有限定，但衣领与颈的空隙越小越有利于领带的打结效果。第二，要避免选择"一拉得"领带，因为，它不仅不能打出领结的不同造型，在技术上远没有达到规则的要求，往往出现领结总是处在系结不紧的状态中，这在套装的社交场合中是需要避免的。

不能忽视的细节还有，领带的长度要控制在腰带的位置，过长可能会露出背心的前摆；过短会显得寒酸，标准的长度应在腰带位置（图2-49）。

2. 衬衫的搭配规则

衬衫和套装上衣在结构上是完全不同的，衬衫尽可能向外伸展，而上衣适当内收。其作用使衬衫在颈部和腕部边口暴露，一是具有衬托作用，二是使外衣不直接和皮肤接触，这样既舒适又可以对外衣施加保护（因为西装不能经常水洗）。为此，衬衫和上衣组合穿着后，在胸到颈之间形成V字领外观。当然，根据外衣驳领的深浅，V字领外观有大有小，一般三粒扣套装或三件套西装组合的V领开口较小，两粒扣或两件套西装组合的V领开口较大。显然，前者为保守的传统风格，后者为开放的现代风格。但无论怎样，衬衫领从后中观察应露出西装领1～2cm；袖口处衬衫也要露出1～2cm（图2-50）。

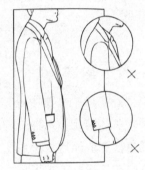

图 2-49　领带过短、标准和过长的比较　　　　图 2-50　衬衫设计和穿法的正误对比

3. 背心的搭配规则

如果是三件套，背心的功能除护胸的作用之外，就是增加套装的严整性和覆盖皮带的目的。这就需要注意背心和其他元素产生相互作用的规则要求。首先，领带必须在背心的里面，这就需要穿背心应在扎领带之后。其次，背心的长度要和裤子立裆配合设计，这也是选购成衣时是否得体的标准之一。背心过短或裤子立裆过浅都会使皮带不能被盖住，这是可笑的。就背心自身规则而言，它应为四袋单排六粒或五粒扣，无论使用六粒还是五粒，最后一粒通常不系，扣上有拘谨之感，同时腰部亦产生褶皱，故作为得体的穿着还是不系为好。其实六粒扣准背心的最后一粒纽扣设计根本不在搭门上，也就不可能系上（图2-51）。

两件套西装腰带会意外的显眼，故皮带的选择要很讲究。选购皮带时，要根据自己的尺寸挑选，当然，裤腰的尺寸必须合适。皮带要穿过所有腰襻穿带后居中。皮带过长过短、过紧过松都不够得体。注意吊带裤和皮带裤是分开使用的，不要在皮带裤上使用吊带，相反亦然。

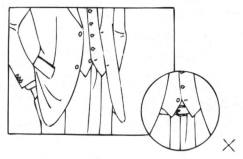

图 2-51 背心的设计和穿法的正误对比

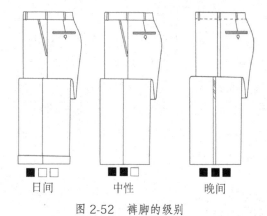

| 日间 | 中性 | 晚间 |

图 2-52 裤脚的级别

图 2-53 准西服套装采用翻脚裤是"正当防卫"

（四）翻脚裤的"正当防卫"

翻脚裤在礼服中是禁忌的，特别是晚礼服。因为把裤脚卷上去总是和渔民、工人的劳作有关，因此，这种式样的裤子和彬彬有礼的礼服无缘，这就是翻脚裤不在礼服中使用并成为惯例的原因。但由于礼服贫民化、大众化的趋势，这种规则开始出现有选择的坚持，可以在日间半正式礼服的董事套装、黑色套装和西服套装中使用。作为黑色套装和西服套装，它们都有全天候套装的功能，一旦它们作为晚间礼服时，即所谓盛装时，不选择翻脚裤搭配是明智的。可见翻脚裤从级别上看低于非翻脚裤。当然，根据"高级别总比低级别保险"的原则，非翻脚裤即适用于晚间也适用于白天，而翻脚裤只适用于白天。由于翻脚裤源于白天使用的传统，故在面料和目的上亦带有倾向性，一般粗呢和卡其在这些较朴素面料的裤子可采用翻脚形式。特别是秋冬季的外出郊游，用粗呢的三件套西装，这时用翻脚裤搭配是十分讲究的（图 2-52）。作为准西服套装，由于它不是真正意义上的礼服，翻脚裤和鼠灰色一样成为套装的重要特征（图 2-53）。

（五）口袋的功用

西装上衣外设口袋一般不作为实用的设计，因为外观口袋放入东西会膨起而破坏外观平整，反复使用又会使袋口松弛显得邋遢，这一点具有社交品质的暗示可视为"品位语言"，但这不意味着它可以做成假口袋装潢门面，因为真实的设计象征着男人务实的品格，口袋的功能可以不用但不能没有。西装的装饰决不以牺牲功能为代价，它没有无功能的装饰，也没有无装饰的功能。在西装看来外设口袋纯粹是一种绅士密码。

西服套装的两侧大袋到底还是空着明智，因为此袋大而靠下，放入东西对外观有更大的破坏性。因此，高级的套装品牌两侧大袋在袋口处都会被牵缝使口袋不能使用。但作为职业绅士，口袋又不能不装东西，这一点做为男装无论如何也不会被忽视，这就是套装内侧功能完善的口袋设计，再加上背心和裤子口袋的补充，可以说在口袋的功用上达到了登峰造极。它们的使用规则通常是根据右手习惯设计的，也常被左手习惯的先生提出抗议。一般的做法是把上衣内侧口袋根据自己的习惯变换一下功能是不困难的，不过这里只能委屈"左"派了，这样便于普及。内侧右襟有袋盖隐秘性强，适

图 2-54　三件套西服套装口袋的功用

合放钱包，左襟大袋放香烟或手梳，此袋下边有一小袋用于插钢笔（也有两袋合并于大袋的设计），左襟下方有一小袋为钥匙袋，不要想当然的理解成手机袋，因为 100 多年前还没有手机发明，但为什么不想增加这个功能耐人寻味。其他功能通过背心和裤子得以补充，打火机、手巾、零钱等也各有其主（图 2-54）。名片、手机等要想不假思索的递给对方最好放在上衣内侧习惯的口袋中，但不要指望着改变这样的格局，因为这不仅仅是口袋的功用，更重要的是它们是经过 100 多年绅士文化积淀下来的优雅、高贵和成功的秘符。

（六）饰巾的暗示

西装的左胸袋就是口袋，很难产生装饰的联想，但它的实际意义却是百分之百的装饰作用。左胸袋的真实名称叫手巾袋，顾名思义是放手巾用的，但不去使用，这种充满实用主义的装饰美学是套装独一无二的。

手巾插入的形式又有约定的性格、级别、气氛等社交语言暗示：平行巾、三角巾、二山巾、三山巾、圆形巾、自由巾。性格上从严肃逐渐变得自由，级别上从高逐渐变低，气氛上从庄重逐渐变得活跃（图2-55）。由于西服套装具有便服和礼服的双重性，饰巾的六种形式可以自由选择，它更多地反映着着衣者的性格特征和审美取

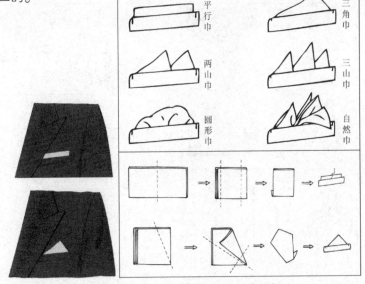

图 2-55　饰巾的六种形式及常见两种形式的折法

向，不过场合还是对性格有一定的制约性，较正式的场合采用规整的装饰巾形式，相反采用自由的装饰巾形式或不要装饰巾。

白色装饰巾是它的标志色，如果选择有花色的，应与领带颜色保持整体的协调关系。公务场合（包括办公室、谈判、会见等）有两种通用的做法，一是选择白色为主的棉、麻或小纹路的提花织物饰巾。二是饰巾色调、材质和领带完全相同。这两种选择成为不变的规则。当然，选择个性化的饰巾是可能的，但要注意场合、气氛、职业、流行等因素。重要的是，饰巾与其说是让人感到人为的装饰，不如制造成不经意的感觉更好。

（七）小饰品大智慧

在套装中"饰品"众多但感觉不到，这是因为它们都不是以装饰的面貌出现，这就是男装的魅力所在。如领针、领带夹、衬衫链扣、怀表、吊带、手套、帽子等这些统统是实用品。

1. 领针

领针在套装中是特有的饰品，它主要用于领带打结后边使两边衬衫领连接起来，将领结托起，这是基于绅士强调领带严整而立体感考虑的小手段。领针有三种形式，即夹子式、穿棒式和别针式。穿棒式需在衬衫领前端适当位置留有小孔。在驳领中使用的为标识针，如主题社交、峰会提供的标识徽章（图2-56）。

2. 领带夹

领带夹是为悬垂下来的领带加以固定的饰品，有针式和夹式两种。针式有时别在左驳领上（西装驳头）替代装饰针，通常用在下午5点以后气氛有所改变的场合，如会见等，可见它比领带夹要讲究些（图2-57）。

3. 衬衫袖扣

衬衫袖扣本是礼服衬衫配合双层卡夫使用的固定扣。西服套装采用礼服的装备时，礼服衬衫是必不可少的，袖扣也就派上了用场。袖扣有华丽的、有朴素的。作为晚礼服搭配的西服套装要用华丽的袖扣；公务性场合不宜太花哨（图2-58）。

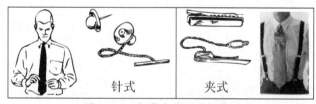

图2-57 领带夹的两种形式

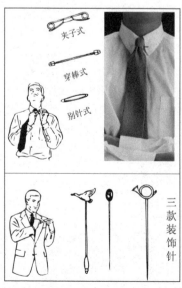

图2-56 领针的作用

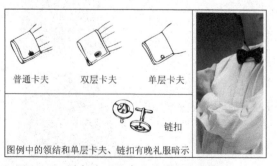

图2-58 袖扣在西装中为礼服组合时使用

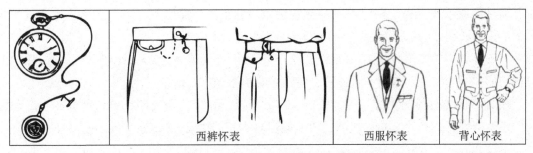

图 2-59 怀表与英国风格

4. 怀表

怀表在现代社交生活中虽并不很流行，但作为西服套装经典的组合或强调怀旧的传统时，怀表是任何其他小道具不能替代的。在三件套西装中，上衣、背心和裤子都有容身怀表的小机关。上衣是通过手巾袋和驳领扣眼实现；背心的两个腰袋就是怀表袋；在西裤中，裤腰右侧仍保留着装怀表的小口袋。尽管怀表已很少使用，但它的英国味道，配上英国风格的套装是无可挑剔的社交翘楚（图 2-59）。

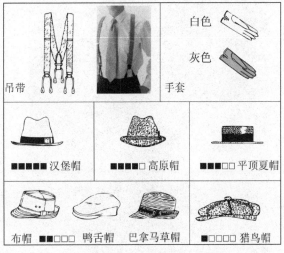

图 2-60 套装小饰品的规制

5. 其他饰品

纯色和刺绣的吊带、冬天苏格兰软帽、夏季麦秆平顶帽，还有手套，这些在公务性场合难以用到但并不少见，因为无论在公务还是商务，无论是正式还是约定的休闲场合"细节决定成败"是铁定的法则。在套装中如果有如此修养，可判断准绅士无疑，它的秘籍在于拥有这些有出处、讲究的饰品很能说明驾驭套装的功夫与智慧（图 2-60）。

（八）西服套装的"概念"

如果严格地给西服套装确定一个范围，是很有限的，这就是从鼠灰到深蓝之间的三件套或两件套（还不包括双排扣西装，因为这是礼服中黑色套装的基本样式），而且指非夏季面料的套装格式。如果是像麻质、灯芯绒、棉质水洗之类的面料西装，虽然也是同色同质的组合，但客观上已经降入休闲西装类型，至少可以理解为套装的休闲版。

在三件套或两件套中，只要有异色或异质面料的组合，就可以认为不是西服套装，但它又不是地道的布雷泽西装和夹克西装，只是在西服套装中选择了个性的组合，这虽有悖于套装的规则，但大有上升的趋势，说明西服套装的休闲走势已大势所趋，我们称此为西服套装的概念流派（图 2-61）。一般在社交中认为这是"非正统族""流行族""演艺族"等，但值得注意的是，无论是哪一族，它是在懂得套装规则之后派生或有目的的去反规则而行之，演艺族是首当其冲的，在他们中间，很有可能产生套装的新经典、新规则。我们警惕的是，在不懂规则或没有弄懂规则时的某种自我意识的创新。不懂传统，谈不上继承传统，更谈不上反传统和创新。西服套装之外的布雷泽西装和夹克西装，在类别上它们有明显的不同 [在国际社交界和相关的出版物中，Suit(套装)、Blazer(布雷泽)、Jacket(夹克) 是分开的]，但在它们的肌体里流淌着同一种血液，传统把它们凝聚在一起。

因此，创造这段历史的"设计师们"，之所以把它们打造成不朽的各种经典，是因为他们没有割裂历史和传统并且这都归功于他们对 THE DRESS CODE 的烂熟于心。

（a）灯芯绒西装　　　　　　（b）棉麻西装

图 2-61　同色同质组合的夏季休闲西装

第三章

布雷泽西装（The Blazer）

　　布雷泽对于我国的男士们还是个生疏的词，如果一位先生穿着一件藏蓝色的西服上衣，纽扣是铜质金属扣，配苏格兰灰色小格西裤，这通常不会发生在中国的男人身上，因为这其中隐藏着深湛的贵族密码（中国没有形成近现代的贵族阶层）。至于它的名称，在国内一定是以西服相称，因为在款式上它和西服套装没有什么区别。然而，从它诞生那天起就与西服套装大相径庭，它扮演的是一个极不平常的角色。

一、解读布雷泽西装

在《Blazer》一书的前言中，著名的美国服装设计师 Jeffrey Banks（杰弗里·班克斯）对它有这样的描述："布雷泽成为精于装束的男士衣橱中不可或缺的一类。由于它具有并不排斥流行的可容纳性，特别是对于在服装上不希望花过多钱的人所务必要备置的一种服装，因为它几乎能组合出上至正式礼服下至便服的所有类型，且仍然保持着绅士的风度。如果你拥有一件品质良好的布雷泽、一条灰色的法兰绒裤子、一条灯芯绒的裤子，那么，就可以将它们任意地组合搭配了。试图找到最好的裁剪以及最优质面料的布雷泽，只有这样，它才能成为你衣橱中最持久最经典的装备。海军蓝布雷泽最有趣的地方就是它的百态面孔。如果搭配上一条灯芯绒裤子和一件设得兰岛或者费尔岛的毛衣，就会变成一种运动风格。如果搭配上开什米羊绒背心、一条深灰色的法兰绒裤子和一件粉色衬衫，又将演绎出优雅品质来。在美国，有着常青藤联盟传统背景的男士一定会拥有一套装饰有学校校徽或者交织文字图案的胸章和铜扣的布雷泽。当他们进入公共社交时又可以去掉校徽。我的 Jeffrey Banks 品牌有时也使用漂亮的珍珠母纽扣，它会使布雷泽看起来富有轻快明亮的夏季感。冬季布雷泽则使用带有自己品牌徽章的铜质纽扣。布雷泽惯用海军蓝、驼色、深绿色或者酒红色的单色法兰绒面料，款式可以是单排扣也可以是双排扣。1976 年我给自己做的第一件布雷泽就是配有背心的海军蓝法兰绒布雷泽。而在我只有 4 岁的时候就拥有了第一件属于自己的布雷泽，它是淡黄色的，装饰有一个棕白相间的徽章，我会将其与短裤和白色的衬衫相搭配……"

Jeffrey Banks（杰弗里·班克斯）和艾伦·弗鲁泽一样也是 Coty（科蒂）奖的获得者，科蒂奖是服装界中的奥斯卡。对于这样一位优秀的设计师来说，他对布雷泽的理解可以作为一种专业而通俗的理论。在这短短的几段话中，Jeffrey Banks 对布雷泽的面貌做了一个真实但并不深奥的解读，帮助我们对布雷泽的情感从陌生到简单的熟悉。当然还需要了解像艾伦·弗鲁泽、伯恩哈德、出石尚三、堀洋一等这些世界男装权威人士的研究成果，因为它们就像圣经一样指引进入布雷泽西装的优雅世界。

二、布雷泽发端于英国发迹于美国完善于日本的启示

就布雷泽（Blazer）而言，它的级别与其说接近西服套装（Suit），不如说更接近夹克西装（Jacket）。首先在整体造型上，它是在一代代常青藤型（自然肩直线型西装）的背景下一步步走到现在的。今天在国际社交界，仍把布雷泽理解为常青藤西装，只是在细节设计和搭配上加以区别。海军蓝法兰绒上衣配金属纽扣，左胸袋上配徽章标志说明具有俱乐部制服的暗示。而夹克西装采用苏格兰小格呢或人字呢，纽扣采用皮制或天然材质的纽扣。夹克多用于户外休闲活动，因此社交界有称前者为制服夹克，后者为运动夹克的说法。

如果将西服套装、布雷泽西装和夹克西装加以区别的话，西服套装是"正餐"、布雷泽西装是"特色菜"、夹克西装是"小吃"。可见，正餐一般情况是不会屈尊降贵的，小吃也不会登大雅之堂，只有特色菜既可以成为正餐的一道名菜，也可以穿行在小吃的餐桌上，无怪乎在当今社交界把它视为得宠的"亮生"。

布雷泽虽在今天成为国际社交定型的常服，但在初入一些开放的国家时却有着不同的时机和命运。

19世纪后半叶，作为英国运动服而诞生的布雷泽，好像在恪守传统、循规蹈矩的英国人始终平静的心中投下了一个石子，顿时，产生了连绵不断的涟漪。然而，在传统的英国人来看，运动的丧失就意味着意志的丧失，运动等于健康，健康则是社会蒸蒸日上的象征。因此，运动西装一诞生，很快就成为了贵族们的宠物，而被纳入到绅士服的行列，到1890年它成为一般化的西装，这跟西服套装和夹克西装的发展进程几乎是同步的。

产生于英国后裔的美国主流社会，似乎抛弃了古板、循规蹈矩的英国传统，而继承并发扬了"运动等于意志"的品格，当然不会错过布雷泽产生于英国贵族血统的那些信息，而在1920年远渡大西洋作为美国东部富有者的象征流行起来。最终被美国人所同化，成为常青藤家族的一个重要成员。最初富有家庭的孩子想出一个主意，穿着美国化的布雷泽进入学校，于是常青藤式的学生装模仿英国贵族的校园制服（在英国布雷泽有学生制服之意）开始盛行。在成人中只在温暖的棕榈海滩别墅度假时或轻松的情调中布雷泽才成为时髦（图3-1）。美国人的实用主义精神，使具有良好功能的运动西装最终不能被一部分有钱人所独占，于是做为旅行者的布雷泽时代开始了。旅行者大部分又是实业家，这是布雷泽最后融入"职业西装"的社会基础。因此，在美国，布雷泽已完全渗透到办公室中。数年之后它成为国际社会与西服套装完全平起平坐，布雷泽使西装职业化具有标志性意义，今天布雷泽也是职业西装的标准语，而且延伸到女职业装领域。这恐怕就是布雷泽发端于英国、成长于美国的理由。

图3-1　早期美国棕榈滩附近的贵族穿着的布雷泽有浓厚的英国背景

布雷泽进入日本较晚，命运曲折但很迅速。它经历了照搬、改造到日本化的过程。最初日本上层社会视布雷泽为"常青藤便装"，显然这完全是受美国文化的影响，带有盲目崇拜的痕迹。常青藤便装是一种特殊的群体做为特殊服出现的（主要是赶时髦的年轻人），仅仅四五年常青藤便装就紧紧抓住了年轻人的心，这和美国人对布雷泽的态度大相径庭（美国人实用的目的，日本人崇尚领先的心理）。年轻人盲目模仿带来的负面影响，使日本人对本国的国民形象产生了一次深刻的反思。1965年在常青藤便装的全盛时期之前，穿着哈佛标志的衬衣和普林斯顿布雷泽的年轻人充满了大街小巷，这些心平气和穿着带有异国校徽服装的年轻人，使外国人看了不知道在日本年轻人中发生了什么。当他们了解其意后，或是不好意思或是将徽章拿下，于是常青藤的旋风有所收敛。

20 世纪 60 年代末 70 年代初约 10 年，持续了一段听不到"常青藤"的时期。由于奥运会的作用具有运动风格西装的布雷泽逐渐确立了国际服的地位，使日本人发现布雷泽不仅是美国人的，它更是国际化的，这种认识与他们参与国际竞争的开放政策有关，在日本人看来常青藤便装会第二次出现，或许无论谁都会这样想，只是这中间增加了可贵的理性成分。20 世纪 70 年代中期，突如其来的"常青藤"又出现了，这时已不再是简单地模仿美国。一方面日本理论界开始研究布雷泽的源头英国，另一方面推行与日本本土习惯相适应的教育工作，了解它的国际规则，并得到共识：布雷泽起源于运动服，成长于社团服（俱乐部和学生制服），完善于职业服，普及于休闲服。这四个内涵在今天仍在起作用，当用到某一个目的时，就按某种规则去指导实践。显然 1965 年在日本年轻人中流行戴徽章的便服，是把"社团服"当成了"休闲服"。日本男装专家认为布雷泽"第一次引进时是原原本本在照搬；第二次则是站在更为广阔的天地上眺望。在这两次之间 10 年的空白中，有足够的时间教会了我们特有的学习方法，布雷泽才根深叶茂。"进入 20 世纪 80 年代，在日本它完全摆脱了流行因素的左右，而成为男装中的经典，成为很日本化的国际男装。

布雷泽进入我国不同于日本，即便在今天，我们仍认为它和套装没有什么不同，甚至就它的称谓学术界都不知所云，莫衷一是，显然它是作为西装的一个款式被接受的，表现出原始积累式的粗放市场特征。1984 年改革开放初期，当时西装在我国大行其道，年轻人更是以外面的世界很精彩的心态追逐潮流。进入 20 世纪 90 年代，天性"喜新厌旧"的年轻人，开始厌倦了这一成不变的款式，同时西方时装信息的大量涌入成为他们捕捉的目标。于是当时看来一种新式西服流行在所难免，这就是双排扣戗驳领加上镀铜的金属纽扣，20 世纪 90 年代初它盛行到除此之外几乎买不到传统式样西装的地步。

看来，上述情景还不足以触及到我们"反思"的神经。首先，在我国国民传统意识中，官方的影响力是起决定作用的，尤其是在市场经济形成初期，这要看官方有没有受到触动而对国民施加影响和号召。其次，理论界、教育界和行业界，有无系统的研究和规划，而通过各种媒体向国民渗透，特别是它如果成为政治的需要时这种传播会加快。看起来，随着市场化社会的完善，官方的影响力逐步转嫁给理论界、教育界和行业界，从这一点看，仅就布雷泽的引进到对其国际惯例的研究，我国和日本相比至少晚了 30 年，这种不足，在照搬、改造、国有化、规范化这四个阶段中，最多到"改造"阶段都不能完成就夭折了。这说明就是服装行业的理论、研究、教育机构也没有很好地、系统地研究，这一点似乎完全失去了权威性。

1995 年，"国际接轨"一时成为流行的语汇。1999 年末，我国加入世贸组织成为可能，这是大势所趋，不可逆转。然而对于行业来说，人们的视线更重视入世后服装经贸的机遇和前途上，而服装的国际规则和理论研究无足轻重，甚至还不知道有 THE DRESS CODE 此项工作要做。在我国就布雷泽的命运，就可预见出未来男装语言与规则的研究前途未卜。但国民和社交所渴望的市场很大，布雷泽一定会以成熟的面貌出现在国民中，这个趋势已经在商务精英中有所表现。然而，我们要吸取日本的教训，该尽早地从源头探究一下布雷泽究竟是怎么一回事。

三、布雷泽考证

关于布雷泽的历史还要追溯到维多利亚时代的 1837 年，当时 H.M.S.（英国皇家海军舰艇）的船长将要在他的船上接见维多利亚女王，但是他对船上船员们混杂的服装感到担忧，为了让船员的穿着看上去整齐而讲究，船长专门给他们定制了一批用海军蓝的哔叽呢和黄铜制有皇家海军徽章图案的纽扣做成的双排扣短夹克。船员穿的这种夹克果然给维多利亚女王留下了十分深刻和美好的印象。从此，这种夹克成了海军官方制服的经典（成为军官制服形制的国际惯例），但这不是以成为绅士着装"休闲中的贵族"。

对于布雷泽的词源，一种权威的说法是，在英国剑桥大学和牛津大学的定期赛艇对抗赛的时候，剑桥赛艇队员的队服是红色的运动夹克，在水面上映照得非常鲜艳，就像水面上燃起的堆堆火焰，当划船赛开始比赛时，支持剑桥队的拉拉队突然高呼"Blaze（火焰）！"。另外还有一种说法是，英国剑桥大学圣约翰学院 Lady Margaret Boat Club（玛格丽特夫人划船俱乐部）的划船手穿的亮红色夹克，看起来像团火焰一样，因此得名。无论是哪种说法，它至少证明了三个信息，一是，它和划船运动有关；二是，它发生在英国两个古老的名校中；三是，时间为 19 世纪 80 年代。伦敦新闻日报的一名记者在 1889 年 8 月 22 日发表的一篇文章中写到，"布雷泽是指红色的法兰绒划船夹克，是剑桥大学圣约翰学院的划船俱乐部夹克，当你在剑桥大学见到这种夹克时，它仅代表此种含义。但是现在的布雷泽似乎成为一种花式法兰绒夹克的统称，用于板球、网球、划船等运动或者海边度假。"这说明在当时布雷泽就已经成为很普遍的运动西装。包括皇家海军版的双排扣和剑桥大学版的单排扣样式，由于运动是贵族生活方式的传统，单排布雷泽也被作为主流布雷泽，由俱乐部或者校服颜色组成，延伸到户外的运动场合中，例如 Henley Royal Regatta（亨利皇家赛艇会），

在赛舟会上，选手都穿着布雷泽配上硬草帽和法兰绒的裤子，这种搭配便成为今天俱乐部布雷泽黄金组合的标志（图 3-2）。

由此可见，只要提到布雷泽一定是指具有特别元素支持的西装。关于布雷泽，还有很多的传说，无论是划船运动、海军制服还是瑞弗尔（水手夹克），布雷泽的命运都与"水"有着不解之缘。

图 3-2 亨利皇家赛艇会上的俱乐部布雷泽

（一）布雷泽的运动礼赞

作为运动西装的布雷泽产生于英国不是偶然的。其实，英国绅士文化的精神不是繁文缛节而是"运动"。研究英国文学的资深法国作家路易·卡扎米亚（1877~1965）。在他的《英国灵魂》一书中有如下叙述："随着肉体的衰老，身体变得懒散，丧失了对运动的兴趣，在英国就意味着道德意志的消亡。现在健壮的英国人，为了保持精力充沛，冷水浴、运动等成为每个人应尽的义务。"拥有健康这一格言，看来不只是对健康的礼赞。保持舒适，仅限于生活为信条，不以道德来评价，在英国人看来是难以理解的。于是，拥有健康潜移默化地与身份、地位等道德准则保持着密切联系。一般看来，这种运动员式的生活习惯反而不会通过运动去区分是怎样的人和怎样的场合，因为运动成为像吃饭一样的基本需求，吃饭具有表现身份、地位等道德意志是显而易见的。由此可见在英国起源的运动服饰比比皆是和它崇高运动的道德精神的贵族文化有关，如波鲁外套、乘马外套、诺福克夹克、狩猎夹克、灯笼裤、钓鱼包、伯特帽（Boater 平顶硬草帽）等不胜枚举，布雷泽则是一直保留至今的重量级经典作品。如果将布雷泽冠以"运动西装"的称谓，作为英国人来说，反而失去了"运动精神"的真正价值，变成了只为体育运动而使用的服装。布雷泽西装完全不是"运动服"的意思，而是代表一种"奋进精神"的国民意志。布雷泽直译成"火焰"和译成"运动"两者完全不能相提并论，可我们宁可接受"运动西装"，不愿接受"布雷泽"，看来我们还存在对"服装国际惯例"认知的局限。

今天在国际社交界这种内涵丰富的服装语言仍魅力无穷。因此，在英国如此之多产生于体育运动的服装中，却很少以运动项目命名，往往以很英国化有纪念意义的人名、地名命名。看来"运动"已成为英格兰国民的国家意志，也是经典社交的普世准则。

体育运动本身就是一种文化，一种深深影响着国民精神状态的文化。一个真正的体育大国，也一定是一个文化大国。从不列颠古老而现代的体育文化中，我们能够得到某些启示，他们将绅士精神深入到体育运动当中去。"君子之争"的风度和心态是英国体育文化的特色之一，因此堪称英国国球之一的板球又有"绅士球"的美誉。而英国体育选手角逐各种竞技活动的精神格言则是"志在参加，不在得奖"。

在各种体育项目中，最能展现"君子之争"体育精神的，莫过于已有近 200 年历史的牛津剑桥划船赛。自从牛津的华兹华斯与剑桥的梅立佛于 1829 年春展开竞争以来，这场气氛友善而战况激烈的划船赛，便在 1856 年变成了不列颠两所最古老学府之间一年一度的传统。每年三四月之交，来自两所大学每队 8 名精选的划船选手们齐聚在泰晤士河进行角逐，赛场长达 4.25 英里。而在英国早春阴晴不定、变化多端的天气里，无论是面临狂风暴雨还是冰雪寒霜的威胁，近 200 年来，划船比赛除了因为两次世界大战而中断过之外，从来不曾因气候的因素而取消过 1 次。于是，这场"世界上为期最久的体育竞赛项目"，这场原属于两座一流学府间的君子之争，不知不觉中竟已化身成为英国国民引以为荣的世界文化遗产。

不少电影导演曾选择牛津剑桥划船赛作为拍片的题材，例如 1996 年拍摄的影片《真实之蓝》（True Blue），便是 1987 年划船赛泪水与血汗交织的真实再现（图 3-3）。

举办船赛的原始目的，在于鼓励两校青年追求智力与体能的均衡发展。然而百年以后，当船赛的光环过于耀目，竟可能导致参赛学生以船赛作为校园生涯唯一重心的危机时，难能可贵的却是两校主事者的知所进退与适可而止，终使划船比赛未曾脱离教育的深远用心。这或许也是数百年来牛津、剑桥两校能在国际间享以学术盛名并使英国划船运动得能在奥运史上傲视群论的原因之一吧。布雷泽也被裹挟着像划船运动一样成为绅士服的明星和人们永久的记忆。

1829年6月，帝乌兹河上，牛津和剑桥大学的划船比赛开始了，这里孕育着那颗萌芽的布雷泽种子。

牛津大学1815年创立了赛船俱乐部，3年之后（1818）剑桥也

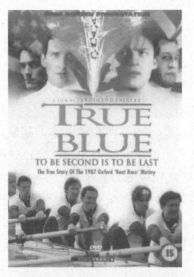

图3-3 电影《真实之蓝》海报

图3-4 划船比赛牛津队上深下浅队服

图3-5 今天牛津队和剑桥队的深蓝和浅蓝队服

成立了。1829年两校举行了第一次对抗赛，实际上从1815年成立赛船俱乐部之初，就期望着比赛的这一天，可见两校比赛之激烈。第一次比赛时，布雷泽还没有出现，但那时两校的学生服奠定了今天布雷泽西装的重要基础。牛津队是白色棉和亚麻混纺的帆布裤配深蓝条纹的运动罩衫。这可能是当时流行的穿法，整体上，上深下浅的搭配传统就是今天布雷泽上衣为深蓝配浅色裤子的原型（图3-4）。剑桥队是白色衬衫系粉红色的带子。最早两赛队之间没有特别的队服要求，但从1836年第二次对抗赛开始时，两校制服颜色区分为深蓝色和浅蓝色，牛津大学将深蓝色定为他们的队服颜色，而剑桥大学则选定了鸭蛋壳的青色（浅蓝色）。这一习惯一直延续至今，因此有时人们也将牛津队称为深蓝队，把剑桥称为浅蓝队（图3-5）。

从时间上看，对抗赛不是每年举行，似乎是不定期，但总的趋势，比赛的时间越来越短。1839年举行了第三次，此后从1877年开始，划船比赛成为惯例，也正是在这一年，剑桥大学通过艰苦训练并进行严格的俱乐部选拔，组成了剑桥队。在规则上，比赛之前两校队

员要穿校服进行简单的出场仪式，这时剑桥队的选手穿着大红的校服。剑桥学院是 1511 年建校的古老学府，大红色是该校服的传统色。在比赛时要脱掉校服，当船开始划动前剑桥队选手一起把红色上衣脱掉，这时似水面燃起一片火焰，顿时，为剑桥大学助威的观众刹那间一起欢呼起来"布雷泽！布雷泽！"。这一历史性的欢呼从此决定了布雷泽生机勃勃的命运。

这是无法预料而突发的激情，在此时、此刻、此情的凝聚，究竟它如何成为布雷泽这众人皆知的名称，仅此一个事件看来似乎远不能说明问题，这需要结合当时的英国社会甚至整个欧洲社会的大背景下分析才能有说服力。不过 1877 年以前在男装中确实没有"布雷泽"一词出现过，另一种体育现象或许有着某种偶然的联系。英国最初的足球比赛是在夜间举行，运动场装有四盏弧光灯，这正好在布雷泽出现的前一年（1876 年）。英国人对于体育的热情，夜晚赛场上巨大的弧光灯再加上入场式耀眼的运动制服，有理由说"布雷泽"诞生已经孕育成熟。

说到底，布雷泽的神奇还是要从英国人对运动的态度中去寻找答案。在前文所提到的，研究英国文学的法国作家路易·卡扎米亚，也出生在 1877 年，与英国体育大流行、布雷泽的出现都诞生在同一年。把这些事件联系在一起或许有些牵强。其实这正说明，卡扎米亚所证明今天英国人的"运动等于道德"，正是他昨天所作的胎，何况他根本没有谈"布雷泽"，而谈的是"运动"，这也恰好是我们现在所要探寻布雷泽这种现象的历史根源。不妨我们就沿着路易先生的思路，或许对所需要的东西有意外的发现。

这里我们试着回顾一下维多利亚王朝后期英国市民的生活，也许会发现布雷泽得以普及的社会根源。对于英国市民来说，休闲时间的增加是梦寐以求的。1850 年左右，他们一天平均工作要超过 12 个小时，当然贵族们是例外的，可见一般市民生活的艰难。1864 年以后，争取了星期六半天工作日的权利。1870 年是个转折点，英国市民开展了为 9 小时工作日而斗争的努力，到 1890 年，9 小时工作日确立为法定的工作时间。这种劳动时间的改变，闲暇时间的增多，娱乐活动成为他们每天生活的一个重要组成部分，一有时间，他们就去钓鱼、放鸟、参观游览，观看划船比赛，参加花草品评会或去动物园。在英国盛行的蒸汽机客运使他们也享受到了贵族的特权，因为他们可以购买价格便宜的火车票，去他们的祖父母做梦都想不到的地方。或乘蒸汽轮船沿泰晤士河去他们想去的地方。到了夜晚，他们可以到小烧肉店要上 10 便士的肝和咸肉，5 便士的（馅饼）点心，4 便士半一品脱（等于 0.47 升）的黑啤酒和家人或朋友坐上一晚上。从这里我们看到维多利亚后期英国市民的生活缩影，这是一种既不闲暇又不富裕的生活，正因如此，产生了对悠闲雅士生活的向往，于是一有时间就去观看板球比赛、划船比赛（这是当时绅士们的一种娱乐方式），迎合了求上欲的市民心里，这一时期大约就是 1877 年前后。如果没有以上的社会背景，布雷泽会流行吗？对于当时的普通市民来说拥有了布雷泽，意味着社会地位的确立。布雷泽本身虽然不是从某个运动项目中产生，但它充满着体育精神，人们可能不喜欢某个运动项目，但没有一个英国人不崇尚体育精神。

（二）布雷泽的前世——海员制服

从剑桥大学圣约翰（St·John's）学院划船俱乐部穿大红色队服开始，也就是从1877年开始，有相当一段时间，将圣约翰制服（Johnian）改称布雷泽。圣约翰制服标志着剑桥的身份，数年以后，布雷泽名称逐渐脱离了剑桥大学的"专属权"，用今天的眼光看，

图3-6 布雷泽制服成为社团和国家机器的标志

与其说是"脱离"，不如说是都想利用剑桥的无形资产，而成为大学特有的标志服，并影响到中小学、社会团体、俱乐部以及警察等国家机构（图3-6）。在颜色上也不仅限于大红色，出现了墨绿色和海军蓝，也就是说不再限于单独的颜色，不同的学校也出现了标志性的颜色。这些变化据说也是最早从剑桥大学内开始进而影响到其他大学和社会团体。值得注意的现象是，当时富有的年轻人在各种类型的布雷泽中，几乎无一例外的竞相定做海军蓝双排扣的布雷泽，这对形成今天布雷泽的格式，是一个转折点，也就是说，有一种服装对形成今天布雷泽的样式施加了重要的影响，这就是瑞弗尔（reefer，海员制服）。先有海员制服后有布雷泽这是符合历史事实的。

白色裤子配蓝白条相间的上衣，款式为单排四粒扣，这是当时牛津大学制服的特征（图3-7）；大红颜色是剑桥大学制服的标志，布雷泽的名称正是由此产生。而今天布雷泽的格式是深蓝色上衣配小灰格裤子，红色和深蓝色这两种完全不同的颜色是什么原因将它们联系起来的？这里传统的海员制服起着决定性作用。应该说形成今天布雷泽的风格，是长时间各种因素互相作用的结果：浅色裤子和单排三粒扣款式的组合是从牛津而来；布雷泽名称是从剑桥而来；深蓝的上衣缀上黄铜金属扣是从海员制服而来。这种搭配标准并不排除原风格的独立性，如海员制服的式样是双排扣戗驳领，因此，今天的布雷泽也保留着这样风格，并和单排扣平驳领形式构成布雷泽的两种基本造型。可见从造型学的角度看，布雷泽是沿着海员制服（瑞弗尔）造型发展到今天的，但没有牛津和剑桥代表英国贵族的运动精神，它绝对是不会走到今天的（图3-8）。

图3-7 布雷泽初期牛津大学制服

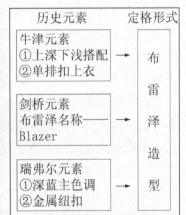

历史元素	定格形式
牛津元素 ①上深下浅搭配 ②单排扣上衣 →	
剑桥元素 布雷泽名称—— Blazer →	布雷泽造型
瑞弗尔元素 ①深蓝主色调 ②金属纽扣 →	

图3-8 瑞弗尔加剑桥加牛津等于今天的布雷泽

（三）有趣的瑞弗尔树——让我们敬畏布雷泽的理由

瑞弗尔（reefer）的命名是在 1860 年，它的前身是 1830 年的登场的船长夹克（Pilot jacket 或 Pea jacket），一时称为"船员风格"。它的特点是深蓝色厚呢料，短外套长度，双排黄铜纽扣，大翻领侧插袋。裁剪为直身无省结构两边开衩和常青藤西服不谋而合，但比它的历史要久远得多，今天的布雷泽造型标准也是自然肩直身型，故有常青藤布雷泽的说法。这和当时紧身、曲线背缝、腰断结构的晨礼服裁剪完全不同，这在当时极富革命性。由于它有良好的运动、保暖防寒的功效直到今天仍是绅士们休闲外套的经典。

从 1877 年的英国社会生活来看，休闲运动、俱乐部和航海业都十分活跃，这不难想象，海员服对相当作为运动制服的布雷泽的影响，正是海员服固有的形制，使布雷泽的传统样式得以定型，人们不禁产生这样的联想：诞生于划船比赛的布雷泽，最终由海员服确定它最后的样式是顺理成章的（划船赛和水手服的因果关系，图 3-9）。

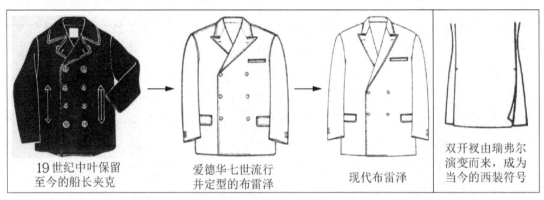

19 世纪中叶保留至今的船长夹克　　爱德华七世流行并定型的布雷泽　　现代布雷泽　　双开衩由瑞弗尔演变而来，成为当今的西装符号

图 3-9　早期船长夹克（瑞弗尔的前身）和双排扣布雷泽有亲缘关系

海员服没有直接成为当时的运动制服，是因为深蓝色不如大红色鲜艳、明快。如果剑桥制服是蓝色的话，"布雷泽"（火焰）的欢呼也就不会出现了，布雷泽的历史会是另外一种写法。另一个值得注意的问题是，当时剑桥的学生大多是贵族子弟，只有贫民才从事船员和穿代表这种职业的服装。可见他们对海员服多少是有些抵制的，甚至把它视为"异族"。因此，为避免"异族"之嫌，就把双排扣（有保暖功能）变成单排扣；将海员蓝色粗呢料换成大红色法兰绒，在他们看来这是明智的脱胎换骨。然而，海员制服在真正的上流社会的命运并不是如此，因为平民化服装良好的实用功能直接挑战着像晨礼服、燕尾服这些并不舒服的绅士服。同时，海员服的深蓝色恰好是贵族们社交喜欢的颜色。从这个意义上推理，它又是英国传统的家庭晚宴服（Lounge suit 仍是今天英国塔士多礼服的标准称谓）和黑色套装的直接原型（深蓝色双排扣戗驳领西装），因为晚宴服也好、休闲西装也好几乎所有的短款西装类在时间上均出现在瑞弗尔之后。为此日本绅士服理论权威出石尚三为我们提供了一棵瑞弗尔（制服）树：水手服和海员制服形成树干，它的右枝生长出夹克西装和布雷泽家族即俱乐部布雷泽、英国运动西装（牛津制服属此类）和准布雷泽；它的左枝生长出晚宴套装和套装家族即西服套装、美式塔士多套装和英式塔士多套装。这棵树不仅有历史的时间性，即越靠近中心历史越久远；也有西装的级别性，即越靠近上部礼仪级别越高。而且这棵树的历史和级别有个有趣的现象：历史越久当时的级别越低，今天的级别越高其

历史就越浅。因此，我们但从个案上看很难想象布雷泽西装和水手服有什么关系，可事实上却出乎我们的预料。这就是布雷泽充满历史的魅力和我们要始终坚守对历史敬畏的理由（图3-10）。

① 水手服

② 瑞弗尔（海员制服）

③ 布雷泽夹克

④ 社团布雷泽

⑤ 俱乐部夹克（牛津布雷泽）

⑥ 准布雷泽

⑦ 早期套装（休息室夹克）

⑧ 准套装（现代西服套装）

⑨ 塔士多礼服（英国版）

⑩ 白色晚礼服（美国版）

图 3-10　瑞弗尔树（引自妇人画报社《布雷泽》）

（四）布雷泽形成过程中的特别语言

　　从1877年形成的布雷泽看有两种基本形式，一是大红色的布雷泽，二是白地蓝条纹的布雷泽。它们都用较厚的法兰绒制作。在形成布雷泽这个名称之前，早期的运动西装是白地红条纹的学生制服。它的形制在今天的布雷泽还有回潮的现象。不过当时前身设计是单排四粒扣，系上边三粒是习惯的穿法。左胸和两侧为贴口袋。通常用单层法兰绒制作，只有袖子有袖里，里侧口袋自然被省略了。由于单层制作，前门襟、袋口和袖口都用斜布条包覆毛边，今天还习惯把这种布雷泽叫作俱乐部夹克（图3-11）。后背结构有意外的表现，呈现无后中缝的典型剪裁，正因此后中开衩不可能制作，而在靠近两侧的侧缝作开衩，这就是最初两边开衩形成的原因，也可以说是今天西装两侧开衩的原始出处（图3-12）。这种后背采用一片的裁剪方式，实际是在水手夹克的影响下产生的，而成为当时年轻人崇尚运动的佐证。

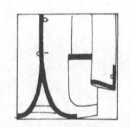

图 3-11　俱乐部布雷泽的滚边是其标志性特征

图 3-12　后背的一片式裁剪出自水手夹克

图 3-13　由俱乐部制服派生出的宽斜条纹领带也成为今天布雷泽标志性搭配

在这之前各种运动俱乐部的盛行，决定了布雷泽所特有的社团制服的标签：如金属纽扣、徽章和派生出的宽斜条纹领带等（图3-13）。随着体育运动的普及，从俱乐部夹克之后，绅士们更希望它成为名副其实的休闲西装，由此布雷泽又开始向休闲化渗透。

进入20世纪布雷泽开始市民化。它不仅影响到英国以外的欧洲大陆，还进入了美国。1920年肥大的牛津裤出现，它是一种极端的设计，用法兰绒制作，立裆较深，做成翻脚的肥大裤腿很快在1925年牛津大学学生之间流行起来（图3-14），一时成为时尚。然而，以优良运动功能著称的布雷泽，实在不能容忍肥裤腿这种时尚的存在而昙花一现。

今天的双排扣布雷泽亦形成于20世纪20年代，不过这种风格做为运动西装是从牛津大学和剑桥大学的网球选手制服发端的。传入美国是作为时装先被年轻人接受，后在全美流行，这是1920年以后的事。由此，构成单排三粒扣和双排饿驳领两种标准的布雷泽格式，这种情形从20世纪30年代到60年代始终保持着学校和社团的本色（图3-15），即使到今天也没有改变，改变的是，它被美国人打造成了一个纯粹的绅士品牌。

图 3-14　布雷泽搭配翻脚肥腿裤成
　　　　　为20世纪20年代的时尚，
　　　　　配翻脚裤被定型下来

图 3-15　20世纪布雷泽的面貌决定了布雷泽作为学校校服和社团制服的传统

四、标准布雷泽的研究

严格说来，现代意义的布雷泽，或者说被定型后的布雷泽，与它任何一个历史时期都不能同日而语。回过头来我们再看看那棵瑞弗尔树，树的主干和低枝都是布雷泽形成期的形式，到了高枝才是今天布雷泽的样式，而且它是美国人创造的，美国的百年品牌布鲁克斯兄弟打造的"布雷泽帝国"，学术界也以此划定现代布雷泽时代的开始。

（一）打造现代布雷泽帝国的布鲁克斯兄弟

布雷泽上衣今天的样式，是 20 世纪 20 年代从英国进入美国后被定型的。布鲁克斯兄弟则是确定布雷泽现代样式的推手。从现代社交的权威观点来看，布鲁克斯兄弟几乎是所有现代白领经典服装的见证人、制定者和推动者，在男装品牌中"布鲁克斯"被视为绅士服的集大成者，因此，布雷泽如此显赫的历史地位是不会在布鲁克斯品牌的家族中漏掉。

1818 年创立的布鲁克斯兄弟公司，在以后一个半多世纪漫长的时间中，始终保持了其作为绅士服本家的经营理念，一直被地位显赫的人士所钟爱，成为美国绅士最优良品质的象征。有一种说法是，欲进入美国主流社会，先要认识布鲁克斯。这种对布鲁克斯权威的信任度直至今日也没有失去。

现在的布鲁克斯品牌，按品级分类有三种，即布鲁克斯（BROOKS BROTHERS）、346 和梅克斯（MAKERS，创造者），其中布鲁克斯和 346 是在纽约的本店面对本国的品牌，而梅克斯是面对全球的品牌。具有成衣化的"梅克斯"品牌最具影响力，一方面它给了世界占主流社会的中产阶级以挤入上流社会的最大机会，另一方面它忠实地遵循着创立以来的传统，保持这种传统的最有效办法是自己做自己卖，它被男士视为最信赖的西装店，也是"最后的西装店"（图3-16）。

布雷泽 1920 年进入美国后被布鲁克斯兄弟社进行了精心的设计，但并没有大刀阔斧，他们深知保持英国贵族血

"MAKERS"——布鲁克斯的世界品牌（始于1818年）

"黄金羊"是布鲁克斯品牌的标志

图 3-16　布鲁克斯"梅克斯"品牌地道的布雷泽成为奢侈品的风向标，金属扣标识为"黄金羊"

统的重要性，只是在领宽上有所变化。1960 年之后设计上不再有什么改变，由此确立了自然肩、直线型、三粒扣这些融入美国常青藤文化的运动上衣作为基本造型被固定下来，称为"I 型"。这说明它严格遵守着自然外形的设计原则，是非常符合美国人实用主义理念的。这一方面适应了"休闲"功能本身的客观发展趋势，另一方面它要区别于传统西服套装的"腰身型"结构。其实这并不是现代的元素，而是布雷泽早期瑞弗尔（海员服）风格的翻版，即著名的箱式造型。不过自然肩在布鲁克斯兄弟看来只作为常规的造型推广，以适应美国人的生活习惯，但由于商业的目的和品牌的市场定位，或多或少会有些差异。日本品牌的布雷泽所采用的自然肩型和布鲁克斯品牌相比偏拘谨，与英国的传统肩型更接近。英国和

欧洲大陆的品牌也有自然肩，但没有一个像布鲁克斯创造的常青藤那样舒服耐看。

　　布鲁克斯品牌的另一个特点是直线型，表现出无论何时都要与大众化的成衣密切结合。为了使各种体型的人都可以穿它的品牌且得体，采用少收腰或不收腰的剪裁处理是很有效的。对于梅克斯运动上衣，胸围和腰围的标准比值是 36 英寸（约 91.5cm）和 31 英寸（约 79cm），落差为 5 英寸（约 12.5cm）。如果以年轻人为对象，胸腰落差标准为 7 英寸（约 18cm）的话，成品落差与英寸恰到好处。但无论落差多少，裁剪中的收腰小而相对不变，这样即适应了更多的体形，又能保持布鲁克斯的自然造型风格，这确实是很美国的审美观，这种集约化的设计理念恰好迎合了大众化品位追求的世界时尚潮流。因此，大多数绅士们总是能够从布鲁克斯那里得到最地道的东西。

（二）布雷泽的两种标准格式

　　布雷泽单门襟三粒扣和双门襟四粒扣两种标准格式正是布鲁克斯创造的。

　　从运动和便服的观点来看，显然单门襟为布雷泽的主流，社交界也遵循这个规则。但无论是单排扣还是双排扣，标准色都为藏蓝、标准面料都为法兰绒，这个传统是一定要坚守的。

　　最值得研究的是在细节密符的标榜上，"三驳一"（Rolling-down model）成了识别真假布雷泽的密码：单门襟三粒扣系中间一粒，这种穿法是由传统夹克西装演变而来的，由于它的历史早于布雷泽，单门襟三粒扣（或四粒扣）的格式被继承下来。早期夹克西装多在户外活动和狩猎时穿着，门襟不需要开得很大以起到防风保暖的作用，而门襟最下边的扣为了不妨碍腿部的运动通常都不系。因此，夹克西装的三粒扣系上边两粒或四粒扣系上边的三粒就成为它的基本穿法。实际上，所有类型的西装在门襟纽扣使用的习惯上均来源于夹克西装的传统，如西服套装两粒扣系上边一粒。这成为社交规则是因为这种穿法有某种礼节的暗示：三粒扣系上边两粒表示郑重、系中间一粒次之、不系扣表示随便。

　　布雷泽基本继承了这些社交语言，但由于它比夹克西装更具礼服性（制服即职业礼服）而使开领向下延伸到中间扣位，为区别西服套装（两粒扣为标准）上边扣子不被去掉并翻到驳领的里面，这样上边这一粒扣就无法系上而成为布雷泽特别造型的符号。因此就形成了今天布雷泽的单门襟三粒扣系中间一粒的潜规则。袖扣两粒为标准。纽扣形制通常专门定制成某俱乐部、团体、学校的专有标志图案或品牌标志。如"黄金羊"金属纽扣就是布鲁克斯品牌专属（图 3-17）。

　　标准布雷泽的口袋为左胸是不加袋盖的贴袋，两侧大口袋为加袋盖的贴口袋。后开衩以中开衩为标准（图 3-18）。

　　双排四粒扣布雷泽保持了传统瑞弗尔的基本特点，它不同于黑色套装的双排扣上方有一对失掉功能的装饰扣设计，而延续了瑞弗尔（海员制服）的传统，双排扣布雷泽几乎把这种传统原封不动地搬到了今天。四粒扣开襟较高（一般在腰线上下），其中两粒扣可以系上，另两粒与此对称设置，这和传统的瑞弗尔很接近，只是瑞弗尔的开襟更高，所以瑞弗尔是六粒扣的对称设计系三粒。显然这和现在黑色套装的双排扣，开领较低（在腰线以下一个扣位）有所不同，这一方面说明它的开襟较高，另一方面高开襟暗示着布雷泽的级别要低

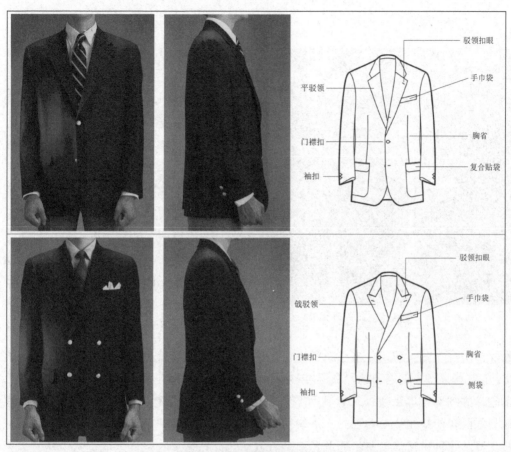

驳领扣眼

手巾袋

平驳领

门襟扣

袖扣

胸省

复合贴袋

驳领扣眼

手巾袋

戗驳领

门襟扣

胸省

侧袋

袖扣

图 3-17　布鲁克斯兄弟布雷泽的两种标准格式

于低开襟的黑色套装。这些造型语言几乎成为识别标准双排扣布雷泽和双排扣黑色套装的标签。不过它们各自的造型语言并不是不能交换使用的，相反，正因为这些语言自古以来保持着良好的互通性，才产生了布雷泽丰富的个性特征，如采用黑色套装的基本形式选择金属扣设计，可以使布雷泽升级而表现出更加正式风格的布雷泽特征（图 3-19）。

　　双排扣布雷泽与单排扣在细节处理上有所不同，它基本上是受到瑞弗尔传统所致：口袋不采用贴袋处理，而采用套装的嵌线口袋工艺、后部双开衩的使用等。这样的处理另一种暗示是双排扣

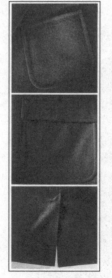

图 3-18　标准布雷泽的口袋和开衩

图 3-19　借鉴黑色套装的双排扣布雷泽

布雷泽的级别要高于单排扣布雷泽，相同的地方是它们都用藏蓝色法兰绒制作，明线处理，缀金属纽扣，这是与西服套装不同的造型手法。

（三）布雷泽的细部密码

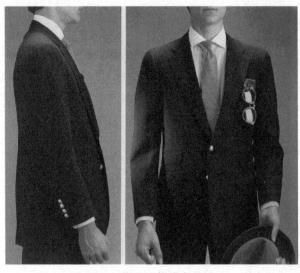

图 3-20 套装风格的布雷泽

布雷泽的细部有它传统习惯的处理方式，这也是西装类型可以细分化的重要标志。例如，标准布雷泽和西服套装还有休闲西装，整体造型上它们都是单排扣平驳领，区别主要体现在：布雷泽为三粒扣系中间一粒；西服套装为两粒扣系上边一粒；休闲西装为三粒扣系上边两粒。布雷泽三个贴口袋两个侧袋为贴口袋加袋盖；西服套装三个嵌线口袋两个侧袋为挖袋加袋盖；休闲西装三个贴口袋都不加袋盖。在材质上，布雷泽以法兰绒为主；西服套装以精纺毛呢为主；休闲西装以粗纺呢为主。纽扣材质：布雷泽为金属纽扣，西服套装为角质纽扣；休闲西装为皮制纽扣。这些只是它们各自的习惯标准，并不影响这些习惯标准的构成元素互相借用。因此，在布雷泽的细部处理上也经常看到西服套装和休闲西装的元素。从图3-20中可以观察到的细节是两粒门襟扣、四粒袖扣、加袋盖的嵌线口袋、非明线工艺、上下同色同质搭配等判断，显然这种布雷泽借鉴了西服套装的元素。因此布雷泽在元素上的借鉴，从套装到休闲西装之间完全没有障碍。

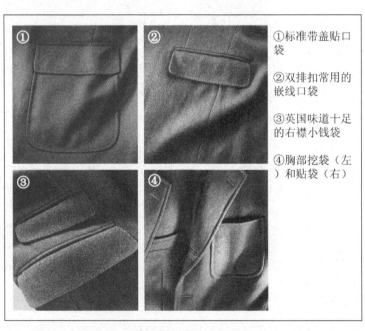

①标准带盖贴口袋

②双排扣常用的嵌线口袋

③英国味道十足的右襟小钱袋

④胸部挖袋（左）和贴袋（右）

图 3-21 布雷泽口袋的多种形式

1. 口袋

三个贴口袋两个侧袋加袋盖是单排扣布雷泽的基本特征。双排扣布雷泽一般不采用贴口袋处理，用级别高的嵌线口袋。而单排扣布雷泽没有这些限制（图3-21）。

2. 明线

明线是布雷泽一大特点，这主要取决于它惯用较粗的法兰绒，它不适合于较精细的挖袋（嵌线）工艺，但是外设的贴口袋和厚实的面料缝口外观不易平伏，而采用明线压实，由此形成了这种颇具运动感的"俱乐部风格"。由于制造法兰绒的原料和技术，特别是后整理技术的提高使其更接近精纺织物的特点，因此，细明线和暗缝（针珠缝）工艺使布雷泽增加了精细的工艺元素（图3-22）。

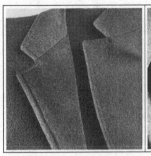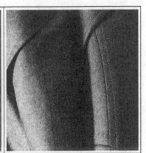

图3-22 领部、肩部有无明线和宽窄明线的处理取决于面料质地的粗细

3. 袖衩

袖衩用两粒纽扣固定是它的标准，三粒或四粒扣有升级的暗示；一粒扣有夹克（简洁）的暗示，不过常用的是两粒和四粒（图3-23）。

4. 后开衩

代表性的为中开衩，造型要求为直线型，但允许有4°～5°的倾斜。明开衩（传统礼服开衩）为常青藤风格；双边开衩为瑞弗尔风格即双排扣布雷泽（图3-24）。开衩源于骑马功能，随着这种功能的消失，后开衩的形式变成了西装流行的语言，因此无开衩西装的流行也很普遍。

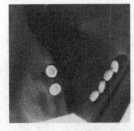

图3-23 标准袖扣为两粒（左）四粒袖扣有升级的暗示（右）　图3-24 双开衩（左）和明开衩（右）

5. 内里

布雷泽是决不能忽略看不到的内里部分。袖里要采用专用的条纹里料，它是专为袖里织造的。袖里和衣里相结合的袖孔线部分，因运动量最大，同时要有柔软感，要求从头到尾用手针细致的缝。内袋原则上要比外袋更强调实用方便，而里料的强度不如面料，因此要采用双嵌线和加固线相结合的缝制方法（图3-25）。全里和半里在布雷泽中都是常用的，在习惯上单排扣和中开衩常配合半里设计；双排扣和双开衩常配合全里设计（图3-26）。

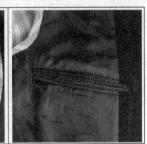

图3-25 布雷泽的袖里（左）和内袋加固缝（右）

图3-26 布雷泽的全里（左）和半里（右）

6. 面料

　　春秋冬季的布雷泽一般采用混纺毛织物,常用的有法兰绒、萨克森毛呢、直贡呢、板司呢、哔叽（学生制服常用）。法兰绒一般是指混色粗梳毛纱织制的具有夹花风格的粗纺毛织物,其呢面有一层丰满细洁的绒毛覆盖,不露织纹,手感柔软平整,身骨比麦尔登呢稍薄。粗纺毛纱是用短到中等长度的纤维加工而成的,由于纤维不能被完全平行、光洁地捻合到一起,所以导致纱线的表面总是起绒,并显得蓬松。萨克森毛呢和法兰绒均属此类。直贡呢又称威尼斯缩绒呢,密度大,手感厚重、柔软,表面平滑,光泽明亮,富于弹性。

　　夏季布雷泽的面料多采用凡立丁（Tropical）,与麻棉混纺的织物也被广泛使用。这些都是布雷泽具有代表性的面料（图3-27）。布雷泽常用面料以法兰绒为主,依次为法兰绒、萨克森毛呢、直贡呢、哔叽、凡立丁、板司花呢。此外麦尔登呢也在布雷泽的历史上起过重要的作用,它具有粗纺平纹的厚实手感。面料的花形以英国传统的白地红条纹和苏格兰格呢为主要选择（图3-28）。夏季使用棉麻织物也在所难免,这是一种休闲趋势,但过于夸张的格子或条纹织物应避免使用,因为这不是它的传统,它良好的风格质素是由它悠久的历史积淀与文化传承来维系的一种相对稳定的风格。

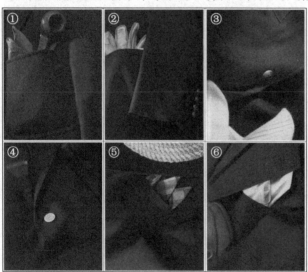

图3-27　布雷泽常用面料以法兰绒为主

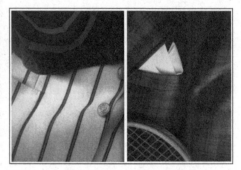

图3-28　布雷泽面料的常见花形:
　　　　条纹和苏格兰格子

五、布雷泽风格论

　　真正把布雷泽推向风格化时代的就是美国的绅士品牌布鲁克斯兄弟,今天布雷泽两个不朽的经典也是由它创造的,而这个过程多彩而漫长。

　　1915年,Brooks Brothers（布鲁克斯兄弟）为网球、板球等小型球类运动开发了一系列单排扣法兰绒的布雷泽。但是直到1920年,当它出现在常青藤联盟（像哈佛、耶鲁、普林斯顿、纽波特大学等）男生度假时的逛衣时,这种服装才真正在美国上层社会流行开来。厚重的双排扣水手夹克最早出现在海军学校的学生制服中,有些人认为这可能是受

"H.M.S. 布雷泽西装"号（英国皇家海军舰艇）护卫舰船长制服的启发，但终归又经历了美国东部崇尚运动的贵族文化的洗礼，而造就了布雷泽的"纽波特风格"（布雷泽的美国式叫法）。然而不管怎样，这种双排扣门襟和常青藤风格的创新设计开辟了一个古典布雷泽的时代。

（一）常青藤布雷泽

常青藤布雷泽（Ivy blazer）是经典布雷泽最具代表性的，自然肩直身型单排三粒扣系上边两粒扣成为常青藤布雷泽的典型范示。其名称在 1950 年代成为流行词（图 3-29）。这其中包括各常青藤大学素色薄法兰绒为首的布雷泽以及常青藤条纹布、素色法兰绒的单排扣型和双排扣型（双排六粒扣型）布雷泽。这种形制在社交界固定下来成为**传统布雷泽（Traditional blazer）**，这就是保持到今天的自然肩、藏蓝色法兰绒配金属纽扣为基本特征的标准单排三粒扣系中间一粒的布雷泽，由于这种"三驳一"（Rolling-down model）造型是布鲁克斯兄弟首创的风格，又称为"布鲁克斯型"（图 3-30）。

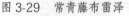

图 3-29　常青藤布雷泽　　　图 3-30　布鲁克斯型布雷泽

（二）双排扣布雷泽的古典特质

D-B 是双排扣西装（Double-breast）的略称，相对语为 S-B，D-B 布雷泽西装是指双排扣布雷泽。这种形制就决定了它的古典特质，因为在上层社会主流礼服的形制都是从双排扣外套演变而来，而双排扣布雷泽脱胎于 Captain 夹克西装（船长制服），这又加入了它的运动背景，因此历史上又称 **Yatching blazer（游艇布雷泽）**。特征是双排六粒扣或者八粒扣型的藏青色哔叽制的布雷泽，是大型巡航型快艇拥有者典型的制服（图 3-31），这种运动加古典的双排扣布雷泽经典序幕从此拉开。

图 3-31　游艇布雷泽

这种古典剧目中最具里程碑意义的作品就是 **D-B Ivy（双排扣常青藤）**，它和单排常青藤布雷泽（Ivy blazer）被视为布雷泽家族的双子星，都是对古典无上憧憬的布雷泽。它的款式特点是平行双排扣型常青藤布雷泽，不同于后来的平行四粒扣的**纽波特款型（Newport）**，但它们有传承关系。它是高开领双排六粒扣系三粒，正是这三个系扣的位置成为常青藤的原因即 D-B。而纽波特型则是中开领双排四粒扣系两粒其实它们都源于水手夹克瑞弗尔故也称水手夹克，只不过纽波特款是在传统双排扣常青藤发展出来的现代版布雷泽（图 3-32）。Newport 是指美国东部罗得岛州的地名，因此纽波特风格（Newport model）就是指美国贵族风格。直到现在为止被学术界认为它和单排三粒扣布雷泽成为布雷泽家族的两个基本型。它在 1963 年进入日本，转年就是东京奥运会。D-B

图 3-32 传统版双排扣与现代版纽波特型常青藤比较

图 3-33 温莎公爵穿着钟爱的
低开领双排扣西装

图 3-34 肯特风格
布雷泽

Ivy（双排扣常青藤）的另一个代替物应该是在纽波特型基础上胸部加了两个装饰扣完成的，这就是 20 世纪爱德华七世时代所流行的低开领双排扣西装（3-33）。他的弟弟肯特公爵有过之无不及，在此基础上创造了开领更低的双排六粒扣布雷泽，被称为"Kent model（肯特风格）"（图 3-34）。由于它继承了传统的条纹图案，或被称为里格特条纹（regatta）双排扣布雷泽的再现，爱德华八世温莎公爵的钟爱使它成为经典，也完成了双排扣布雷泽全部的演化过程。由此可见平行六粒扣是在所有双排扣西装中最古典的样式，后来所派生的各种低开领双排扣西装都与此有关。因此 D-B Ivy 也称为常青藤（经典）中的常青藤（图 3-35）。

然而具有美国贵族文化的常青藤联盟们，绝对不会像 1950 年代英国的 Teddy boy（模仿爱德华七时代风格的不良少年）一样拿"古典"来开玩笑。他们不仅仅沉醉于古典，甚至希望成为古典的忠实仆人

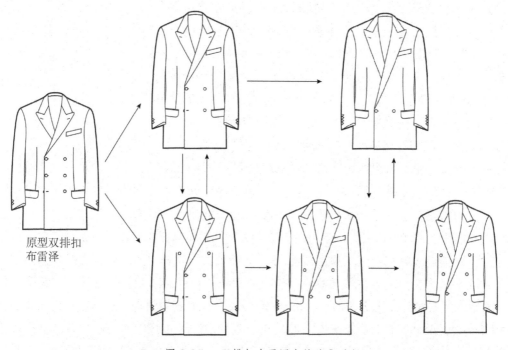

原型双排扣
布雷泽

图 3-35 双排扣布雷泽家族演化过程

一样陷入循规蹈矩之中。这种差异与其说是两国国民性的不同，不如说是起因于美国历史中缺少这些古典的文化，而对本应属于美国人传统的文化（美国贵族多为英国后裔）备加珍惜。因此，双排扣常青藤带有浓厚的不列颠血统，而不是真正的美国文化，最终使双排扣布雷泽不能成为美国绅士服的主流，还有一个原因是它比单排扣有太多的束缚，这不是美国人的风格。

（三）"海军布雷泽"现代制服的始作俑者

包括军队、警察和运输业的现代制服形制都是布雷泽的派生物，而始作俑者是海军布雷泽。Regimental Blazer 有藏蓝色布雷泽的意思，由于它的真正含义是指海军制服，因此深蓝条纹图案的布雷泽（Regimental stripe）不在其中。这主要是指双排平行六粒扣的藏青色军官制服，款式类似于双排扣常青藤，普遍用在英国陆海军军官在驻地的简便上衣，后来被美国陆海军所采用而成为发达国家军队制服的惯例。在英国它作为军官制服最主要的特征是袖口的纽扣数量以及在口袋上装饰的象征军衔的标志提示。袖扣数量越多级别越高，例如，近卫步兵第一联队用一个袖扣、第二联队用两个袖扣，苏格兰（Scotland）近卫队用三个、爱尔兰近卫队用四个、威尔士近卫队用五个（图3-36）。这种古老英国军服制式的惯例被后来的社交界固定为两个和四个袖扣两种布雷泽的标准，当然袖扣越多暗示社交级别越正式。

后来爱德华七世风格被广泛使用，并正式命名为海军布雷泽（Navy blazer）。**Navy blazer（海军布雷泽）**是强调海军蓝（Navy blue）即藏青色布雷泽的标志色，亦称海军蓝（Navy Blue）制服。布料以法兰绒、哔叽、混纺马海毛为主。英国、美国、日本等发达国家海军的高级军官制服运用这种形制成为惯例（图3-37）。

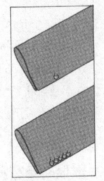 

图 3-36　布雷泽的袖口　　图 3-37　海军布雷泽

与英国不同的是，美国陆海军军官制服采用了近乎黑色的深蓝，而且单排扣和双排扣两种常青藤型都在使用，只是提升了收腰和小开领设计。这种独具个性的布雷泽军旅风格，极大地影响了时尚界。在20世纪50年代初次放映由 Alan Ladd 主演的 B 级影片——《Captain Carey U.S.A.》（《古堡歼仇记》），在人们的印象中故事情节、演员甚至连影片名字都没记着，但 Ladd 所扮演的陆军军官穿的黑色单排三粒扣的布雷泽配大红色华达呢长裤的镜头记忆深刻，而一时刮起一股黑色布雷泽风潮。同样的这也会在20世纪50年代末的 Esquire 和 Gentry 杂志中被看到。可见布雷泽海军的背景对时尚的影响之大，不过它的高开领还是在制服领域保持的更加长久。

（四）概念布雷泽

布雷泽在时尚界具有很强的渗透性，是因为它自古以来始终保持着礼服（军官制服）

和便服（运动服）的双重性格。因此在设计上没有太多的禁忌，概念布雷泽也就大行其道。例如 **Knit blazer（针织布雷泽）** 是用呢巧织（Wool jersey）或者针织布（Knit fabric），包括双面针织物、平纹针织物、米兰诺罗纹组织等所制的运动西装，是休闲布雷泽的特别品种，是其他西装不善于使用的设计方法。概念布雷泽西装最早于20世纪50年代初出现，流行于20世纪70年代初。这种概念布雷泽，现在看来仍有很好的前景，是因为休闲的生活方式在增加（图3-38）。

图 3-38 针织布雷泽

图 3-39 金斯顿风格布雷泽

图 3-40 里根斯布雷泽

1. 金斯顿风格

金斯顿风格（Kingstone model）是在款式上对布雷泽的颠覆。它来自日本的时尚语，是指爵士风格的双排扣圆摆布雷泽。常规的双排扣是要配直摆，这种双排扣圆摆短款的布雷泽具有叛逆性（图3-39）。

这种变型的双排扣上衣是1960年代前半期一时流行的夹克，较浅的两侧开衩和变型领（半戗驳领）以及倾斜的带盖口袋都是当时有代表性的前卫风格，采用爵士乐感觉的细节设计是当时的潮流，有时也会省略胸袋。布料上，使用鲨皮布（特别是混丝的更时尚）或者山东绸，当然主流的布雷泽仍使用法兰绒。Kingstone model 的称谓是因 VAN 夹克西装公司的命名有关，据推测是和纽波特款型（Newport 型）一样根据地名而来，在款式上它们也有血缘关系。主流的说法来源于牙买加的港湾城市（首都）Kingstone（金斯顿）。可见这种服装是和那种风光明媚的美丽港口度假有关，可暗示概念布雷泽的出路大多走休闲路线是明智的。

2. 里根斯布雷泽

里根斯布雷泽（Regency blazer）也有不同，它走的就是礼服路线，这和设计师的风格偏爱有关。它的别称为 Cardin blazer（卡丹布雷泽）即"Cardin 型"。是1963年秋 Pierre Cardin（皮尔·卡丹）推出的紧身双排扣布雷泽。其款型显然是在经典的双排常青藤和海军布雷泽基础上杂糅出来的，它的最大特点是衣襟的重叠部分较浅，轮廓整体细长，收腰，下摆呈喇叭状（图3-40）。当时称之为（宝塔线条 Pagoda line）。类似语有 Mods type blazer（现代派布雷泽）。

3. 现代派布雷泽

现代派布雷泽（Mods type blazer）的别称有 Carnaby blazer、Chelsea blazer，是指由皮尔卡丹创立的重叠量较浅的双排平行六粒扣布雷泽。其外形轮廓虽然与卡丹的 Regency blazer（里根斯布雷泽）几乎相同收身明显，但是领子不同于卡丹的戗驳领，是 Mods 型即 V 形领口开的较深的青果领。面料以鲜艳的色彩或古典花纹的天鹅绒为特色，有模仿吸烟服（花式塔士多）的痕迹。在 1964 年~1966 年流行，今天已成为艺人布雷泽的标志（图 3-41）。

4. 礼服布雷泽

礼服布雷泽（Formal blazer）也是在现代派布雷泽基础上演变而来，是加入花式塔士多元素的布雷泽，即用开司米、优质法兰绒、天鹅绒、丝绸之类晚礼服面料制作而成的派对晚装布雷泽。领型除了戗驳领之外，也可以见到青果领。青果领是

图 3-41　现代派布雷泽

借鉴了美式塔士多礼服的领型于 1980 年登场，也被称为 tuxedo blazer（塔士多布雷泽），多用在年轻人晚间非正式的聚会上。

概念布雷泽还表现在搭配上，虽然在礼仪级别上布雷泽介于西服套装和休闲西装之间，但是通过对其造型、细节及搭配上简单的改变可以影响到它的礼仪性。客观上准布雷泽就可以与西服套装平起平坐。双排扣戗驳领布雷泽本身就是它的礼服形式，可以与双排扣黑色套装媲美；如果在此基础上变换加入塔士多礼服的某些元素，便升格成为运动风格的晚礼服。与此相反，概念布雷泽还可以有一落千丈的搭配：灯芯绒的裤子、短裤、牛仔裤等所有的休闲裤几乎都可以与布雷泽上衣组合。此外，除它标准的海军蓝以外，常用的还有墨绿色、深红色，甚至所有的漂亮颜色都不拒绝。就上衣的搭配而言，也可以穿出远远大于西装的范围，如与花格衬衣、T 恤衫、薄呢背心、毛衣等都可以视为休闲布雷泽的组合没有任何禁忌，这俨然成为布雷泽西装的大家族。值得注意的是"概念布雷泽"不是无政府主义，只是创造性地运用规则而已。

当改变布雷泽上深下浅搭配固有的格式时，布雷泽固有的概念就有所倾斜，或套用其他服装类型的规则。如按塔士多方式搭配就变成"塔士多布雷泽"；按晨礼服方式搭配就变成了"晨礼服布雷泽"；按燕尾服方式搭配就变成了"燕尾服布雷泽"。那么当布雷泽采用上衣和裤子同质地同颜色搭配时便成为布雷泽套装（Blazer suit），社交级别也会高于普通布雷泽，当然与休闲元素搭配也会降低它的社交级别。不过休闲布雷泽有它一整套固有的造型模式。

（五）休闲布雷泽

休闲布雷泽的类型非常丰富，这和它的运动背景有很大关系，在设计、工艺和面料上大体分为休闲型和运动型。

休闲型布雷泽主要表现在设计、工艺和面料的舒适性上。Unlined blazer（无衬里布雷泽）是指没有衬里单层面料制造的布雷泽，多用在夏季薄型面料上。它的对语是 Full lined blazer（有衬里布雷泽）。

1. 休养布雷泽

休养布雷泽（Resort blazer）是在避暑、避寒地所穿着的布雷泽。除了海军蓝、栗色、绿色等条纹法兰绒外，还包括丝绸、亚麻、毛巾布、印花风格和有条纹的夏季面料。到1930 年代裤子主要用有明亮色彩的法兰绒搭配，鞋子常用白色、茶色或者白、黑色组合的White bucks 鞋。**毛巾布布雷泽（Terry cloth blazer）**是休养布雷泽的一种典型款，是用毛巾布制的布雷泽。外形轮廓以箱型为主，既有单排扣也有双排扣款式。胸部和两侧的口袋都是贴袋。后开衩有中心开衩也有两边开衩。纽扣一般为白蝶贝，也有以大海为主题图案的雕刻金属纽扣。**亚麻布雷泽（Linen blazer）**也是休养布雷泽的一种，专指亚麻布制作的夏季布雷泽。使用爱尔兰漂白亚麻细布、亚麻平纹织物、粗麻（粗拉拉制成的亚麻布）无衬里的亚麻布雷泽最著名。

图 3-42　宽松布雷泽

2. 宽松褶布雷泽

宽松褶布雷泽（Drape blazer）是指宽松而产生悬垂感为特征的布雷泽。Drape 是指服装上形成布料的漂亮褶皱，是因为裁剪成宽松而产生舒适感的运动夹克。流行于 1930 年代到 1940年代的廓型。宽肩、宽领、阔胸、低开襟两粒扣、贴袋为特征，是休闲布雷泽的典型款式（图 3-42）。既有单排扣型也有双排扣型。

3. 无领布雷泽

无领布雷泽（Collarless blazer）是休闲布雷泽的典型品种之一，它发端于美国西海岸的款型。故有贫民化特点。第一次出现是在 1942 年，但是流行起来是从 1945 年开始的，今天它成为名副其实的休闲西装（图 3-43）。

图 3-43　无领布雷泽

4. 花式布雷泽

花式布雷泽（Fancy blazer）是指增加一些局部元素变异的布雷泽。特别指美国西部和军装风格的布雷泽。其特点是有纽扣袋盖的贴袋或斜口袋，有时候加装过肩（yoke）或背带。流行于 20 世纪 60 年代末 70 年代初。**三叶草领布雷泽（Cloverleaf collar blazer）**指领子切口呈三叶草一样的圆形平驳领的布雷泽。也是休闲布雷泽的一种（图 3-44）。

（六）运动布雷泽

运动型布雷泽主要表现在设计、工艺和面料的传承性上，因此，从现代社交和时尚的意义上看，布雷泽在历史中所具有的运动和俱乐部价值，人们更看重它的后者。

19 世纪 80 年代，和其他运动俱乐部一样，第一批布雷泽成为了英国板球俱乐部的制服。这些带有条纹装饰的运动夹克根据不同的俱乐部定制成不同的颜色。结实耐用的哔叽面料、条纹装

图 3-44　三叶草领布雷泽

饰、搭配上白色法兰绒裤子和硬草帽，成了英王爱德华七世时代的穿衣风尚，这几乎定格为崇尚运动绅士的标尺。

1. 网球布雷泽

网球布雷泽（Tennis blazer）是网球赛观战席上所用的布雷泽。款型为单排扣白色或者蓝色的布雷泽西装。领子、前身止口和口袋上带有滚边，左胸上有徽章，说明这种服装具有所属某网球俱乐部的提示，故亦称俱乐部布雷泽（图3-45）。流行于1920年代到30年代。

图 3-45　网球布雷泽

2. 格子布雷泽

格子布雷泽（Tartan blazer）和网球布雷泽一样，是运动俱乐部夹克的一种。是由苏格兰格子制作的布雷泽西装。于1930年代末初次出现，1940年代开始流行，到50年代衰退，在60年代初又见复兴。现在成为运动西装的经典之一（图3-46）。马德拉斯布雷泽（Madras blazer）指夏季布雷泽，是用二色（或三色）方格薄型布料缝制的。款型以单排扣为主，少量运用双排扣。流行于1960年代的前期，70年代末又见它东山再起。总之格子面料是运动布雷泽的标志性元素。

图 3-46　格子布雷泽

3. 俱乐部布雷泽

俱乐部布雷泽（Club blazer）多指运动俱乐部惯用的布雷泽西装，或为俱乐部定制的制服。也叫娱乐型西装。类似语有俱乐部套装，俱乐部夹克（Club coat、Club Jacket）。通常特征为条纹布，俱乐部徽章等是它的标志性元素。这个词汇在英国的使用时间是从1840年代开始到1880年代末为止。但它的元素在今天的布雷泽设计中仍广泛使用，并有对运动精神的英伦传统的怀旧暗示（图3-47）。

图 3-47　俱乐部布雷泽

4. 板球运动布雷泽

板球运动布雷泽（Cricket blazer）是指英国板球俱乐部特定宽条纹的布雷泽。款型为单排三粒扣或者四粒扣型，外形轮廓为筒型长款。采用单层裁剪无里衬工艺，布料为纯白色各种条纹的法兰绒，华丽鲜艳的条纹布也被经常使用。流行于1870年代。今天成为一种传统运动怀旧设计的元素（图3-48）。

5. 赛艇布雷泽

赛艇布雷泽（Regatta blazer）是Boating布雷泽西装的旧称。流行于爱德华七世的时代，在1920年代中期又见复兴，是划船赛（或者赛艇观战）用的双排扣布雷泽。其特点是衣襟重叠部分

图 3-48　板球运动布雷泽

图 3-49 赛艇布雷泽

较深的双排平行六粒扣上衣。胸袋、侧袋都是不带盖的贴袋。较浅的两侧开衩。采用没有里衬的一层缝制。布料使用海军蓝法兰绒或藏青色的哔叽、或条纹法兰绒。也就是之后人们常说的双排扣常青藤（D-B Ivy）的典型。后来演变成赛艇观战夹克。在英国的 Henley Royal Regatta（亨氏皇家划船赛）中从 1890 年代后期开始出现，传统的藏青色和葡萄酒红色法兰绒是首选。单排扣低开领有白色滚边是一大特点（图 3-49）。也有用叫作里格特彩色条纹布（regatta stripe）制作，即藏青色和白色相间的粗条纹法兰绒制的布雷泽，这是早期牛津布雷泽的回归（见图 3-8）。

6. 图案花纹布雷泽

图案花纹布雷泽（Patterned blazer）是格子花纹布雷泽的总称。包括各种的条纹布（细窄条纹、里格特条纹、遮阳条纹），格子花纹（方格或者马德拉斯条子细布）和印花花纹（印尼花布、nautical、佩斯利、花卉图案）等制作的布雷泽，主要作为俱乐部夹克的休闲版制服（图 3-50）。反义词为 Solid blazer（素色布雷泽），可以说是布雷泽的正装版，它的标志性元素也正当防卫。

图 3-50 图案花纹布雷泽

六、金属纽扣使布雷泽充满了历史感和高贵的基因

如果说花式面料可以用在布雷泽也可以用在夹克西装上的话，金属纽扣和徽章则是布雷泽的专属品。可以说没有金属扣的西装就不是布雷泽，而只要有金属扣的西装就可以认定是布雷泽。徽章可以说是因为布雷泽的存在而存在。贴口袋是标准布雷泽的典型特点之一，不同功能的布雷泽配不同样式的口袋也是区别于其他西装的细微元素。比较起来只有金属纽扣才真正成就了充满历史感和弥漫贵族气的布雷泽。

（一）从铁质纽扣到黄铜纽扣

装饰上金属纽扣，布雷泽就拥有了阶级色彩。尽管很多男士赞赏布雷泽传统的铜扣所暗示出的高贵和优雅，但是在如今这个追求休闲时尚的世界里，不解其谜的人对于这种浮夸的炫耀多有反感之意。然而，一旦失去金属扣，布雷泽就失去了它的灵魂，因为没有哪一种服装元素像它那样，记录着显贵、名人甚至一个强大帝国的印记，它几乎是一种权贵的文化符号。

传统的布雷泽纽扣是铜质或者镀金。除非你的家庭有自己的族徽或者被授权使用特殊图案的俱乐部纽扣，否则通常最保险的选择就是扁平素面的镀金纽扣。今天一线产品布雷泽西装为金属纽扣，二线为贝壳纽扣。但无论哪种，它们的共同特点是纽扣材质或色彩与衣身有明显反差并与配服保持统一和谐。比如，头发灰白或者打算穿浅灰色裤子的绅士往往选择深色的镀镍或者镀银的金属扣，以便形成一个灰色的和谐整体；如果搭配艳蓝色的热带羊毛或者亚麻质地的布雷泽，灰白色的珍珠母纽扣是通常的选择。但是研究标准的布雷泽，认识金属扣是首先要做好的功课。

金属纽扣是布雷泽西装的标志性元素，包括金、银、镀金、黄铜、青铜、红铜、黄铜腊、铝、白蝶贝或者黑蝶贝、珐琅、景泰蓝等各种材质，有的还雕刻有俱乐部徽章或校章之类的图案。金属纽扣作为服装纽扣最早出现于11世纪。最初是用纯金打制的球状纽扣，专门由镶嵌宝石或者玻璃的工匠制作而成。由此可知相比功能性而言，它的象征性、装饰性是优先考虑的。

图3-51 奥古斯丁·朱斯蒂纳1717年画的7岁时的路易十四，画中他的礼服缀满了金钉

这样象征富贵，或者作为高贵家族的符号华丽绽放的时代在16世纪的后半叶到18世纪的中叶，从当时上流贵族的肖像画中就可以看出"男人服饰无金不高贵"的现象可见一斑（图3-51）。从生产力的发展来看，作为布雷泽的点睛之笔，还渗透着了下层社会的智慧。当时的劳动者、尤其是水手们的工作服常年使用铁制的金属纽扣，生锈就不可避免时常要去打理它们。大约到了近代之后、机械技术的发展产生了镀金的技术，从而促进了黄铜的利用，于是像现在所看到各种材质的金属纽扣一个接一个地被量产化了。到了18世纪中期，代替金纽扣的黄铜或者镀金的纽扣开始普及并一直持续到了19世纪。而且这些纽扣的使用不分军服和民间（水手），而最为普遍的是与藏青色法兰绒制服搭配，这也就成了今天布雷泽的黄金组合。

其实在服装类型中，除了布雷泽还有一种服装被广泛使用金属扣，这就是制服。那么，究竟是布雷泽影响了制服，还是制服影响了布雷泽，从历史的观点看是制服影响了布雷泽。因为最早的制服就是军服，历史越久远，种族的战争、资源的掠夺、宗教的纷争越频繁，可以说社会主流各种类型的服装初始形态都可以归到军服的源头，贵族服饰都多少带有军服的痕迹。因此，古代作为军服的扣饰就具有两种功能：一是开关的工具，二是根据材料及设计（形制的象征含义）的不同而产生不同的等级象征作用（类似于今天的军衔），像古希腊人和古老的苏格兰士兵，处在将布裹在身体上的时代，左肩上的扣饰就是地位的象征。这一点被金属扣继承下来，因为它可以像铜印一样将主人地位的符号图案化铸在上边保存永久，今天金属扣有保存"族纹"（家族世袭的图纹标志）的习惯就是这种原始含意的残留。

金属扣比较明确的作为开关功能最早产生于水手服。从形制上讲布雷泽是由瑞弗尔（海员制服）演变而来，而金属扣是瑞弗尔的重要特征，并表现在双门襟的设计上，这和海员制服的防风防寒功能有关。从靠海风吹动帆船的航海时代结束之后，到了蒸汽船时代，海风使船员的身体容易变冷（不受风向限制的航海），于是他们就想出一个办法，把寒冷地区常用的双门襟大衣的形式借鉴过来，为了行动作业方便把衣长变短、变宽松，这就是瑞弗尔的前身水手服。双门襟有可以改变搭门方向的功能，双排扣亦是为这种功能而设计，如果风从右侧吹来，就把右襟放在上边扣好，如果风从左边来，就把左襟放在上边扣好，这样就起到了全方位的防风防寒作用，同时纽扣也就活跃起来。当然脱胎于夹克的单排扣布雷泽驳领上的扣眼，也是这种功能的残留（图3-52）。

服装纽扣的材质最早是木质和牛角，由于它们容易损毁而采用铁制纽扣，从此金属纽扣就诞生了。但铁质纽扣在海上极易生锈，水手一有时间就打磨它们，这些被打磨的十分光亮的纽扣，如何使它们保持永久的漂亮，使用铜扣不经意中成为刻入当权者地位象征的标志物，水手们打磨它们从除锈变成了把玩（铜质比铁质要珍贵很多）。这种经历了水兵与纽扣生锈做斗争的一段很长时期，到崇尚铜这种金属的高贵，这恐怕就是布雷泽与铜质纽扣结下不解之缘的根本原因，这种定格所具有的文化含量，即使有了金、银这些远高于它的贵金属出现也无法替代它。这种文化含量最有力的制造者就是制服。

图 3-52 单排扣和双排扣的原始功能

（二）制服纽扣情结

从海上出现的金属纽扣，由于冶炼技术和制作工艺的发展而变得光彩夺目，由此水兵为了保持纽扣的光泽而不停打磨的时代终于结束了。金属扣开始从海上走向陆地，以殖民方式从英国向世界各地传播。然而它并不是全面开花，而只选择了制服，形成了只要是制服就必须钉金属扣的习惯。首先金属扣在军服中有特别的作用，在制定驻军部队的略式礼服时，它除刻上军队的徽帜以外，在数量上还表示某种特别番号：英国部队制服为区别内部的兵种和连队，袖扣的数量规定，近卫步兵第一连为一个扣，第二连为两个扣，苏格兰近卫连为三个扣，爱尔兰近卫连为四个扣，威尔士近卫连为五个扣，官职的不同铜扣的形制和数量也不同（图3-53）。显然，纽扣的数量是有级别含意的，这些含意不仅在现代制式服装中被广泛使用，也引用到现代西装的规则中。如从低到高从便装到礼服，袖扣的数量也按这种习惯分布：袖扣两粒为夹克西装和布雷泽、三粒为西服套装、四粒（或五粒）为礼服的习惯。其次是制服纽扣的铭文性，即"服制铭"，但它不是用文字表示，是用图案。家族用族徽、军队用军徽、社团用社徽、学校用校徽等，总之它表达一种强制的归属感或所属身份，它很像中国的印章，刻在金属扣上长时间地使用后，清晰的图案仍可以保存下来，这对军服和制服所特有的识别作用是十分重要的，这也就引申到今天象征尊贵的标记。

图 3-53 英国步兵上尉礼服

从军服、海员制服到布雷泽是由金属扣贯串起来的，宣誓着它们古老而高贵的血统，而这个功劳却是发生在牛津和剑桥划船赛的学生制服身上。

（三）金属扣的三种格式

根据金属扣的材质和造型工艺而产生不同的风格或用于相应类型的布雷泽产品上。主要形制有三种，即实心平板型、实心凹板型和中空凸心型（图 3-54）。一般实心扣的级别要高于空心的金属扣，并多用在名牌布雷泽中；空心金属扣多用在制服中（主要原因是批量大且降低成本）。

实心平板型是用金属铸成表面平整的一类，也是最传统的一种，由于制造工艺的不断改进，凸面实心型也很普遍。由于实心铸造有重量和材质感，形式有平光的、有施以雕饰图案的、有浮雕图案的。纹饰有族纹、俱乐部标志纹、学校标志纹、公司标志纹、品牌商标纹等（图 3-55）。

实心凹板型主要是为产生柔光而采取的特别造型，从侧面看纽扣的中央部分是呈圆形凹陷的形状，它一般不施加过多图案。这一种对任何形式的布雷泽都适用，材质和实心平板型相同。

中空凸心型纽扣在外形上与实心凹板型相反，也称蘑菇形纽扣，是制服上使用最典型的金属纽扣，一直以来是双排扣制服最常使用的纽扣。其中有中空式的也有实心的，但是不管哪种在其表面上都刻有徽章或者其他主题的图案。中空的工艺主要是用制成的金属皮，通过模具冲压而成。因此很节省原材料，也容易制作成各种各样十分精美的图案，所以在大宗的制服、学生服、成衣化的布雷泽制造中使用。在高档布雷泽中，无论是单门襟还是双门襟形式都不适用。

图 3-54 实心平板型、实心凹板型和中空凸心型金属扣

图 3-55 布雷泽金属扣图案

　　布雷泽金属扣尺寸比西服套装纽扣灵活，通常在18~21mm之间，袖扣在15~17mm之间。金属扣颜色以金色为主约占80%，其余依次为铜色、银色和混合色。

（四）金属扣数量的秘籍

　　说到布雷泽门襟扣和袖扣数量的最佳组合，个人的喜好需要让步于传统，因为绅士们不会以牺牲它的历史感和文化信息去满足个性的好物，这几乎是拥有布雷泽的基本准则。首先，袖扣的数量应该与门襟扣的数量相匹配。单排两粒扣布雷泽，尽管两粒或三粒袖扣也合适，但是四粒袖扣是最常见的。上下为虚扣的布雷泽配两粒袖扣是美国绅士品牌布鲁克斯兄弟创立的常青藤布雷泽经典样式，在社交界和奢侈品牌中已成为品质和高贵的符号，不随意改变是明智的。

　　看一件双排扣布雷泽纽扣的数量正确与否，首先判断的依据就是布雷泽自身的风格定式，其次是根据传统的既定范示，最后才可以附加个人的喜好。经典的双排扣布雷泽是平行四粒门襟扣，配两粒袖扣，这种经典组合也是布鲁克斯兄弟创造的水手版双排扣常青藤布雷泽，它与单排扣布雷泽在学术界堪称"双子星"。但它并不是铁板一块，重要的是它的"风格定式和既定范示"告诉我们要理性地从必然王国到自由王国的学习、训练才行。比如在水手版双排扣常青藤布雷泽基础上有很丰富面料选择，像藏蓝基调的暗格布雷泽，袖扣要选择两粒扣也可选择三粒，但不宜选择四粒（图3-56）。如果选择四粒袖扣，最恰当的设计是六粒门襟扣，四粒实扣两粒虚扣，袖扣最好使用四粒，对于这一点能够如何拿捏的到位，从查尔斯王子的装扮中可以看到这种智慧（图3-57）。

图3-56　水手版双排四粒扣布雷泽袖扣 两粒为最佳组合，也可用三粒，但不用四粒　　图3-57　查尔斯王子双排六粒扣配四粒袖扣布雷泽的秘籍

七、　徽章与口袋的构成

　　徽章是证明氏族和血缘的图纹标志，这是一种古代宗族世袭的表征，日本的"家纹"，英国的族徽（emblen）都是这种事象的残留。现在的布雷泽徽章尽管它的象征意义大于实

际意义，但其氏族的精神内涵，转化成一种现代化的团队精神，甚至一种国家意志，如国徽。因此我们研究它的构成形式和传统能够得到精神的慰藉也是布雷泽充满历史感和人文性给我们带来的。

（一）徽章的构成三要素

徽章构成的要素充满了封建的世袭色彩，只是现代人们借用它转化成一种集体意志和进取精神。徽章上端为族徽或俱乐部、社团等象征性标志图案如皇冠；中间为表示自身各种职业的标识或标语图案；中心周围用口号、宗号或座右铭之类作成带状装饰，其中常用的桂树叶原引古希腊"不可战胜"之意。家族徽章还有直系、旁系、下臣等复杂的区别，主要是通过标志差异分辨出氏族的级别，如家族图腾视为至上权力的徽志，像皇冠、狮子、狼鹰、龙等（图3-58）。徽章的核心图形轮廓常采用甲胄、盾牌这些传统的样式。徽章这种三要素的排列顺序是很古老的，这和氏族的"规制"有直接的关系。今天由于徽章更强调它的识别性和象征性，它传统的组合形式又过于繁琐，徽章有"标志化"趋势。图案形成了标志纹和标语一体化设计，或者采用寓意广泛而易记的简洁标志作图案。总之现代徽章的功能更具标识的功能，图形简明易记，社会化很强，它已不是贵族享有的特权。值得注意的是，作为准绅士般的布雷泽，在徽章的使用上宁可背上"裹足不前"的名声，也要恪守传统之路。因此，布雷泽的徽章，只要拥有它，选择传统的样式为不变的准则（图3-59）。

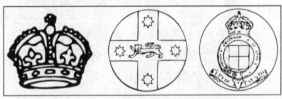

象征标志 　　职业标志 　　寓意图案和座右铭

图 3-58 徽章的三要素

图 3-59 徽章的传统样式

（二）徽章的使用和设计

无论是选择单门襟还是双门襟布雷泽，驳领可能会挡住左胸口袋一角，为使左胸徽章有良好的展现，通常徽章都是单独制作的，用时才别在左胸适当的位置（俱乐部或社团活动时），平时是不用的。因此，徽章扩大了布雷泽的社交功能，即做常服和制服。

徽章的设计要依据俱乐部或社团的宗旨，设计成中心图案，周围采用常规的桂树叶扎成绶带状，下端设计成绶带装饰并在上边标注社团或俱乐部的座右铭。徽章也可以设计成俱乐部或社团的名称、创立年号等标志语，并不必须用拉丁语（传统徽章中用拉丁语，用拉丁语说明俱乐部很古老、纯正）。非俱乐部或社团的徽章，如学生制服、企业制服、青年志愿者组织制服等，可以采用团结奋进或公益口号作标志语。它的材质和工艺是通过基布、

图 3-60 徽章的细部与成品

左侧标注（从上到下、从右到左）：

基布（深蓝）
桂树叶图案（金丝）
标志图案（金丝）
红色衬布
标语图案（金丝）
带状装饰（金丝）

文字（金丝）
黑线
深蓝衬布
金丝绣

创刊纪念徽章的完成品

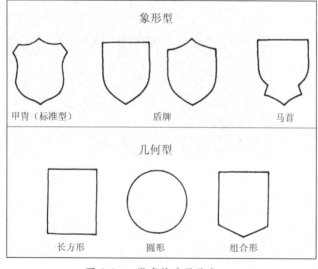

象形型

甲胄（标准型）　　盾牌　　马首

几何型

长方形　　圆形　　组合形

图 3-61 徽章的造型种类

衬布、金属线、丝线施以特别的加工工艺完成的，最权威和成熟的加工基地在印度（图 3-60）。

徽章的主体造型分象征形和几何形两种，前者为传统型多用在俱乐部、社团和对抗性较强的组织团体如警服，主要造型有甲胄、盾牌和马首，显然这是由古代的战争演变而来的。后者为几何型多用于社团、学校及和平、公益组织，主要造型有长方形、圆形和组合形（图3-61）。

徽章的色调强调运动感和娱乐性，通常是深蓝或黑做底色基布，施加金银刺绣。徽章是单独制作的，用时再固定到左胸袋上，这是一种专用的金银鼓花辫子嵌缝各色的缎料。这种徽章制作的专用技术，只在布鲁克斯兄弟这样的准男装店中才有。现代电脑绣花设备的完善和广泛使用，使徽章设计、制作更为普及和大众化，也渗透到运动服和休闲服中。但高品质的布雷泽上衣仍以传统的制作技术来体现拥有者的高贵地位，像徽章这些细节上的处理最能判断这种品格。

（三）布雷泽贴口袋形制的提示

徽章别在左胸手巾袋的位置，但它们要分别处之，所以将徽章绣在左胸贴袋上的布雷泽一定不是正统品牌（女装除外）。

虽然布雷泽可以游走于礼服与休闲服之间，但是就标准布雷泽而言，它固有的礼仪级别仍然处于完全可以与西服套装平起平坐的地位。相比于职场中西服套装所使用的嵌线口袋，布雷泽一般使用复合贴口袋，但根据不同的场合和个人风格取向，又可以使用不同形制的贴口袋和嵌线口袋。贴口袋大体上分为准贴袋、复合贴袋和花式贴袋。

不带盖的贴口袋（Open patch pocket）指没有袋盖的贴袋，是贴袋的标准型，但它并不是布雷泽的经典元素，也有免带盖贴口袋（Flapless patch pocket）、平贴袋（Plane patch pocket）的叫法。到 20 世纪初布雷泽不管双排扣或单排扣，胸袋、侧袋没有例外的都是没有袋盖的贴袋，这种款式只保留在单扣布雷泽中。

有袋盖贴口袋（Patch and flap pocket）在贴袋上附加袋盖的复合贴袋。多用于标准版布雷泽的侧袋上，是它的经典元素，也被称为袋盖组合式贴口袋（Flap and patch pocket）、带盖贴口袋（Flapped patch pocket）。

花式贴袋（Fancy flap pocket）是指花式布雷泽上所特有的变形袋盖的贴口袋。包括斜盖（Angled flap）、扇形盖（Scalloped flap）、信封形盖以及系扣盖等种类，它是狩猎西装的典型元素（图 3-62）。

值得注意的是以上三种贴袋，前两种是布雷泽常用的，复合贴袋为它的标准版，贴袋为夹克西装的标准版，而花式贴袋只用在布雷泽的制服中（如军、警服）或夹克西装的猎装风格中。由此可见布雷泽构成元素的形制对社交取向是有暗示的。

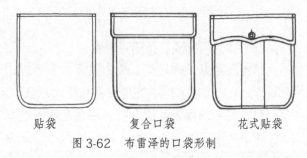

贴袋　　　　　复合口袋　　　　花式贴袋

图 3-62　布雷泽的口袋形制

八、布雷泽的风格与社交密语

根据不同的场合，布雷泽有着不同的搭配风格。只有掌握了这些技巧，才能游刃有余地利用好它。经典社交有这样的说法，如何判断对方是否绅士，看他是否懂得穿布雷泽。最重要的是掌握它们的搭配风格与社交关系的密语，这样就可以应对上至正式礼服下至休闲、运动几乎所有的社交场合。例如，搭配上不同的背心、皮鞋、领带、非翻脚裤就会产生不同的社交取向，像袖扣由标准的两粒增加到四粒，布雷泽就步入到了礼服的行列，穿着这种带有礼服性质的布雷泽可以出行于正式场合，根据具体搭配的不同，礼仪级别可分别等同于塔士多、装饰塔士多、黑色套装等，亦可变身为日间礼服、晚礼服和全天候礼服。在西服套装横行的公务商务中，搭配合理的准布雷泽就成为标准的商务装，较西服套装（Suit）显得别具一格而又不失庄重。校园本是布雷泽的诞生地，丰富的社团生活和各种校园运动比赛赋予了布雷泽无限的活力和朝气，搭配上浅口休闲鞋、牛仔裤、亮色毛衣等彰显出十足的年轻绅士的活力；如果搭配上短裤、T恤等休闲单品，就意味着走进了轻松诙谐的休闲娱乐社交……

（一）正式场合的礼服布雷泽

布雷泽的魅力就在于它比任何西装有更广泛而考究的搭配空间，"考究"表现在它的每个细节所具有的历史感，布雷泽能够实现礼服的搭配就是它的这种特质所决定的。

1. 古典风格礼服布雷泽

　　布雷泽本身的固有特征是运动和休闲本色，但它所具有灵活地组合性，又可以在礼服中大有作为，表现出它全能服装变术的魅力。

　　在准布雷泽基础上加进古典的造型元素，就可以升格为正式的派对或作为公务商务的正装。衬衣采用圆领的牧师衬衣（cleric shirt），而且礼服衬衣都可以作为古典风格的搭配，当然白色是最保险的选择。裤子选择翻脚苏格兰格裤有怀旧的味道亦不失布雷泽搭配的准则。鞋采用职业化的毛面鹿皮鞋或 W 型花饰皮鞋是布雷泽的经典组合。饰品、领带采用朴素的古典图案，如星点图案、窗格花纹图案等。阿斯科特风格的领带、白色的运动背心、怀表（链）的点缀具有很强的 1920 年代风格（被公认为现代绅士的经典范式）。左胸饰巾用白色，这些都提升了布雷泽的古典韵味和正式的砝码（图 3-63）。

2. 俱乐部风格的晚礼服布雷泽

　　深色底竖条纹饰是俱乐部布雷泽的典型样式，它通过晚礼服元素的组合，可以成为俱乐部风格的晚礼服，有装饰塔士多礼服的味道，用于传统社交的娱乐性派对。

　　衬衣采用双翼领礼服衬衣，白色是唯一选择。裤子带有侧章的法兰绒裤，这说明它是布雷泽和晚礼服结合的产物（法兰绒为布雷泽惯用面料；侧章为晚礼服标志性元素）。鞋基本放弃了布雷泽惯用的皮鞋，而采用晚礼服的漆皮鞋。饰品采用黑色蝴蝶结是准塔士多礼服的传统，红色背心上的怀表（链）、白色的装饰巾等，说明它已经升格为晚礼服行列，但由于布雷泽"便服"的出身，这种晚礼服就带有娱乐性和休闲味道，可以说它和装饰塔士多为同一类型，可以视为非正式晚礼服（图 3-64）。

图 3-63　古典风格的布雷泽礼服

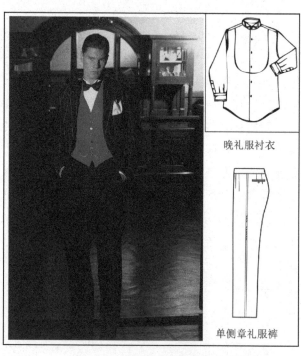

图 3-64　具有俱乐部风格的晚礼服布雷泽（细节搭配见图 3-65）

3. 正式晚礼服布雷泽

在准布雷泽的基础上加入准塔士多礼服的元素，便成为运动风格的正式晚礼服，它与塔士多礼服可以平起平坐。不过这时需要注意晚礼服的规则，就是说布雷泽成为晚礼服的从属地位，就要服从于晚礼服的搭配习惯。如不能使用布雷泽常用的翻脚裤、布雷泽习惯搭配的花式皮鞋、作为俱乐部标志的徽章等。还包括布雷泽上衣款式不要采用贴袋形式，采用西服套装款式是最保险的形式，所保留的只有布雷泽上深下浅的搭配形式和金属扣。

衬衣采用标准塔士多礼服衬衣：双翼领（或企领）、双层卡夫（袖头）配合链扣使用、胸部有褶裥装饰；裤子带有侧章的法兰绒细格西裤，鞋为正式晚装漆皮鞋；饰品中的黑色蝴蝶结、腰间的卡玛绉饰带（或 U 型背心）、驳领上的饰针和白色的装饰巾是必不可少的；上衣袖口上的四粒金属扣说明它是布雷泽的升级版（图 3-65）。

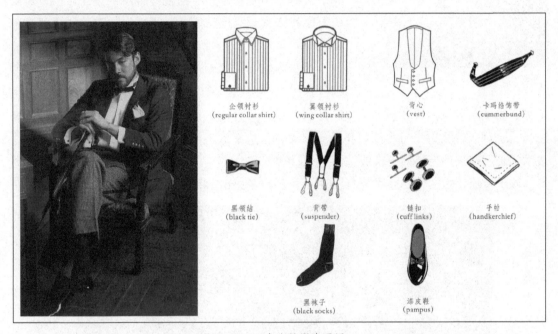

企领衬衫
(regular collar shirt)

翼领衬衫
(wing collar shirt)

背心
(vest)

卡玛绉饰带
(cummerbund)

黑领结
(black tie)

背带
(suspender)

链扣
(cuff links)

手帕
(handkerchief)

黑袜子
(black socks)

漆皮鞋
(pampus)

图 3-65 正式晚礼服布雷泽

4. 正式日间礼服布雷泽

只保留布雷泽上衣而吸收古典风格的日间礼服元素（以晨礼服元素为典型），可以成为与董事套装同级别的正式日间礼服。这是因为白色领带、背心和裤子具有布雷泽和董事套装的兼容性，在历史中这两类服装都采用浅色背心和裤子与深色上衣组合。从这一点看，布雷泽更容易和日间礼服"同流合污"。

衬衣采用标准衬衣或圆领牧师衬衣是布雷泽升格为日间正式礼服的必需选择。裤子为白色法兰绒的材质，与运动背心相同；这是充满历史感的选择。鞋为白色鹿皮鞋配丝绵混纺的白色短袜，也可以选择中性色袜子如中灰色。插在驳领扣眼中的石竹花饰品，在日间正式典礼仪式中为惯用的装饰。布雷泽的这种组合虽然可以和日间礼服（董事套装、黑色套装）平起平坐，所不同的是，它有明显的运动风格倾向，作为个性风格的评价，它是运动与传统犹存的日间礼服（图 3-66）。

图 3-66 正式日间礼服布雷泽

（二）公务商务场合的布雷泽

其实最本色的布雷泽（包括单排扣和双排扣）最适合用在公务、商务的职业化场合中，白领先生们在全天候的工作中穿准布雷泽完全可以和西服套装平起平坐，与略显保守的西服套装相比，准布雷泽更具有外向和进取风格的个性表现力。

在公司工作中或公务商务出行，准布雷泽可以作为正式的职业套装。要注意的是采用准搭配组合，避免使用休闲布雷泽的搭配元素是明智的，如T恤、运动鞋、牛仔裤等。

讲究的日常布雷泽，严格遵守标准的搭配是产生良好职场印象的法宝。双排扣或非贴袋单排扣布雷泽更有它的优越性。

准布雷泽的搭配准则：衬衣以标准衬衣为主流，白领和蓝白条相间的衬衣，对公务、商务场合来说是最合适的选择。裤子颜色从木炭灰色到中灰色的法兰绒、平纹起毛织物和薄呢绒都适用，可以选择净色，也可以选择狩猎俱乐部风格的小格呢裤，选择驼色卡其裤也是可以接受的，但一定要系领带。鞋采用无装饰皮鞋或棕色W型花饰皮鞋。饰品，灰、紫红、蓝宽条纹领带为首选。袜子以深色为主，当选用灰白色时可用于出行版布雷泽（图3-67）。

办公场合

出行场合

图 3-67 职业化的布雷泽

（三）俱乐部场合的布雷泽

布雷泽诞生于英国古老名校的划船运动俱乐部，这一传统在今天仍继续着，只是它有了更大的活动空间。

1. 社团用布雷泽

布雷泽在校园、公司中作为制服最典型的是用于社团社交，通过搭配可以用于各种社团活动，特别它增加一些跳跃元素，如鲜艳的领结、领巾、花色毛衣、牛仔裤等。双排扣戗驳领和单排扣平驳领都适用，只是搭配上更加自由丰富。

衬衣采用牛津纺浅蓝素面衬衣为首选。裤子以灰色薄呢绒或法兰绒裤为主。无论采用流苏饰浅鞋（Tassel shoes）还是硬币浅鞋（Coin loafers）都很有味道。饰品，将毛衣披卷在外衣肩上作为社团派是不过分的。绛红色蝴蝶结、大红色背心等也都符合俱乐部活动的气氛（图3-68）。

2. 变化多端的校园布雷泽

作为校园制服的布雷泽是俱乐部布雷泽的校园形式，通过不同搭配而适用于各种社团活动。如标准搭配可以作为校园礼服，除此之外几乎没有禁物，明快自由的组合可以成为散步服、郊游服，也可用在观看比赛和娱乐场合。牛仔裤、运动鞋也可以派上用场。

衬衣采用带领扣的牛津纺衬衣。锥型牛仔裤是学生派的典型。甲板鞋（Deck shoes）、硬币浅鞋、帆布运动鞋、篮球运动鞋等都可以作为休闲布雷泽的搭配元素。学校徽章、社团徽章等饰品都是具有社团制服的标志物。还有墨绿色的围巾、领带，大红色的毛衣、短裤都表现出很地道且有品位的学生品格（图3-69）。

（四）休闲场合的布雷泽

布雷泽用于休闲和娱乐场合"正当防卫"，只是因季节和娱乐项目对搭配元素有所约定，这是布雷泽对历史信息的坚守与传承所决定的，也正因如此一百多年来不被主流社交所放弃。

1. 夏季休闲布雷泽

夏季轻松的友人聚会、航海、打网球、乘马、高尔夫球赛等这些被称为亚运动式的休闲活动，休闲布雷泽是最具绅士的装束。其中标准牛津式布雷泽，有地道的英国味道；花式布雷泽则是俱乐部布雷泽的休闲版。

夏季布雷泽的搭配准则：衬衣用T恤或窄立领套头式衬衣，亦称划船手衬衣（Henleg neck），以白色为基调。裤子为棉布和印度产蓝条纹薄麻布为首选（图3-70右）。可乐利短裤（Colonial shorts）和牛津式布雷泽上衣搭配是很考究而复古的组合（图3-70左）。

图3-68 社团用布雷泽

图3-69 变化多端的校园布雷泽

图3-70 夏季牛津式（左）和花式布雷泽（右）

裤子以白色为基调是运动布雷泽"历史的约定"。鞋为帆布运动鞋在这个环境中不存在禁忌。俱乐部运动帽和装饰手巾是得体的搭配，最重要的是饰品色调要与主色协调。

2. 冬季休闲布雷泽

冬季的日常休闲运动项目与夏季相同，只是季节的区别，因此像围巾、毛衫、厚重的休闲裤、休闲鞋、帽子等成为它组合的重要元素。

衬衣用长袖套头 T 恤或普通的翻领衬衣。裤子采用粗格纹棉布、粗花呢或者灯芯绒等厚实的面料。若只配上及膝的裤子则除了里面要穿上及膝的毛裤外，下面还要配上一双及膝的花纹针织长袜，这种搭配更带有浓郁英伦风格高尔夫布雷泽。由于冬季天气寒冷，一般在衬衫的外面搭配上圆领毛衣，以净色最为常见（见图3-71右）。鞋为系带的翻毛牛皮鞋。

厚呢鸭舌帽和装饰手巾是得体的搭配，由于冬天的服装颜色都很深暗，装饰手巾的颜色为了起到点缀的作用通常采用亮色系。围巾（阿斯科特领巾）也是冬季配饰的另一个亮点，除了发挥保暖作用，各式花纹的围巾图案也为寒冷阴霾的冬季增添了很多暖意和情调。

图 3-71　冬季休闲布雷泽

3. 诙谐布雷泽

同事、朋友聚会，诙谐而粗犷气氛的布雷泽可以传递在休闲社交中个性创造与智慧。标准布雷泽、俱乐部风格、苏格兰风格在布雷泽看来并无新意，搭配上，大红色、横条纹、夸张的 T 恤和历史中风格化的休闲帽（贝雷帽、鸭舌帽、猎鸟帽）便增加了年轻人的诙谐感和想象力（见图3-72）。搭配技巧：衬衣采用 T 恤、格子衬衫和水手衫。裤子配针织绒裤、牛仔裤和休闲西裤。鞋用运动鞋、休闲鞋（亦称甲板鞋 Deck shoes）。俱乐部徽章、纪念章随心而安。橄榄球运动衫领翻到布雷泽上衣外面符合该场合的气氛；毛衣的随意而用没有禁忌。

保持金属扣这个布雷泽的标志性元素不变，分别借鉴礼服、西服、休闲服的元素和搭配方式，使得布雷泽衍生出可以适合于正式、商务公务或者运动休闲等不同场合的多种形式来，被社交界称为"万能先生"，是男士最值得拥有的一种服装类别。通过讲究的裁剪、优雅的搭配：白衬衫和领带或者牛仔裤和 T 恤能够看上去显得新鲜且有品位；裤子的选择从各色西裤、各色休闲裤到牛仔裤、运动短裤几乎全不拒绝，诠释着绅士对社交取向的个

人修养，把控了这一切便拥有了绅士
的标签，因为这些让布雷泽承载了太
多的历史信息和高贵的血统。在游艇
或者会议室里，它可以被想象成是英
国皇家海军在恶劣天气中穿着的短款
双排扣水手夹克的场景。从十八世纪
开始，藏蓝色就成为了全球范围海军
制服的颜色，这和偏爱深蓝的贵族习
惯不谋而合。而拥有多个贴口袋的单
排扣布雷泽使它在休闲场合中大显身
手，颜色也不限于藏蓝色，加入了酒
红色和墨绿色，看起来更学院派一些，
这在今天也被主流社交视为布雷泽的
三种标志色（藏蓝、酒红和墨绿）。
19 世纪末，美国的常青藤名校选择它

甲板鞋　休闲鞋　运动鞋

图 3-72　诙谐而粗犷气氛的布雷泽

作为与英国名校的划船和板球俱乐部比赛时的条纹图案的火焰颜色分庭抗礼，胸部的贴口
袋上装饰有大学或者俱乐部的徽章，这像是在告诉主流世界，我们美国人也像英国人一样
有贵族血统的教养。而美国的文化并不在于继承，而是创新，在造型品质上开创了本色裁剪，
让传统面料（如法兰绒）和质量上乘的纽扣经典组合变得美国化。从此创造了一个永久影
响世界时尚格局的"常青藤布雷泽"帝国。

第四章

夹克西装（The Jacket）

夹克（The Jacket）在中国人看来无论如何也不能认为它是西装。只要是西装款式、面料都统称为西装，也笼统的称为正装。夹克则完全是不同于西装的类型，通常为休闲装。这一方面说明我们的学术界当初（1920年代）引进这个词的时候并不是以 THE DRESS CODE（着装规则）一套理论体系引进的，而是通过某个事项的时髦用语的流行被裹挟进来的，因此，人们在一直错误地使用它直到今天，先入为主的后果带来了认识上的混乱。另一个方面，对它的理论和实践的严谨性认识不足，即使学术界也认为夹克只不过是个外来语而已。事实上在主流社交中，"夹克"早已成为休闲时尚文化标志性的经典理论，它不仅在名词上成体系，对它的昨天、今天和明天都有专门的著述，只是我们视而不见。

一、夹克——打开西装秘密的钥匙

亚历山大•朱利安（Alexander Julian）是一位美国的服装设计师和研究绅士文化的理论家，他在《THE JACKET & SLACKS》（《夹克西装与休闲裤》）一书中引用 Meredith Etherington Smith（梅瑞迪斯•埃瑟林顿•史密斯，时尚编辑及作家）的话说，"现在的运动夹克（休闲西装，作者注）将会成为今后的正装。"这句话用来描述运动夹克对现代绅士生活方式的影响一点都不夸张。同时他还描述了夹克（Jacket）和西服套装（Suit）与布雷泽（Blazer）微妙的区别：最早的运动夹克是作为类似于商务西服套装的常服产生的，所以最早的夹克都是上衣、背心和裤子成套搭配的，这种装备就是在今天也被视为经典绅士的夹克风格（图 4-1）。之所以叫它运动夹克是因为当时在进行高尔夫、钓鱼、射击、棒球、骑马、自行车、网球等运动时都会穿上它。冬季夹克一般使用花呢面料，秋季使用轻薄的法兰绒，夏季使用亚麻。根据不同的季节选择适当的面料这是运动夹克有品位的表现。这个传统是让运动夹克在男装中保持经典地位的先决条件，在绅士的衣橱当中，运动夹克已经成为最为昂贵也是最有前途的服装类型。因为，它不仅强调男士商务穿用时的功能性和实用性，也更加注重休闲娱乐时的个人搭配风格。这种搭配学问有时候像一件亚麻质地的布雷泽里面搭配上圆领的棉绒绒衣一样简单，也会像一件特定地区的斜纹软呢夹克西装搭配设得兰岛提花毛衣和人字纹衬衫那样复杂。

图 4-1 成套搭配的经典夹克风格

亚历山大•朱利安在提到夹克西装的传统与现实时认为：经典的深邃和时尚的表现力之间没有清晰的界限。运动夹克的各种变化，从高雅的双排扣到讲究的单排扣；从有衬里到无衬里；从手工到机械生产，完全从古典走到了现代，其中没有比无衬里的夹克西装那样更能诠释出现代服装与运动哲学的完美结合，关键是在满足休闲运动中自如、舒适、轻松的要求下，要保留古典夹克的优雅与高贵的传统。他强调，所谓好的设计就是运用经典的设计手法使其焕发出新的生命力，魅力之处在于它融合了我们生活的这个时代下个性的表达方式。

从中国人的阅读习惯和我们处在"夹克"非发源地人群的文化背景，很难理解亚历山大•朱利安对夹克西装的描述，是因为我们完全不了解他们的"夹克文化"传统，就如同他们不了解我们的"筷子文化"一样（他的著作面对的读者是以欧美为代表的发达国家，完全不需要先启蒙读者，而对于我们而言很必要）。其实我们所熟悉的夹克西装（Jacket）这个词在产生的初期并不指服装的某个品种，它是为区别男士惯用的长上衣而产生的"短上衣"的称谓，西方古代的大衣大多是从"袍式服装"演变而来，袍式服装又代表着男士所有的正统装，因此，礼服都是长上衣的形制，那时长上衣通称叫外套（Coat），那么礼服也都以外套相称，如 Morning coat（晨礼服外套）、Tail coat（燕尾服外套），却不能翻译成"外套"，因为它们已经成为事实上的"正式礼服"了。可见 THE DRESS CODE 锁定的传统礼服都是从外套演变而来，这也是传统和现代礼服在形制上的分水岭。直到近代"短上衣"取代了长礼服的时候，外套和礼服成为两个完全不同的品种，晨礼服和燕尾服就是从外套过渡到礼服的见证，然而这种礼服兼有外套的全部特征，臃肿不方便，只有短上衣的加入，也就是夹克的加入才有可能改变，但是当时的社交规制，短上衣有"便服"之意，不能登大雅之堂，而它良好的功能性时刻动摇着长礼服的地位，这段历史从 1840 年休息室夹克（Lounge Jacket）出现到 1886 年塔士多礼服（Tuxedo）登场，都是经历"长短"斗争的结果，崇尚务实精神的绅士服历史终于确立了短上衣礼服的地位。因此，在男装的传统习惯中，无论是礼服还是常服、便服，只要是短上衣都称为"夹克"，如塔士多夹克、西服夹克、运动夹克、布雷泽夹克等。然而，这无形中造成社交上的混乱而必须在短上衣中加以细分化，这个过程直到 19 世纪末才规范成型：夹克仍保留它便服的意义，布雷泽也划入此类；它的高一级别礼服类在保持短款的基础上加入礼服的元素便成为今天礼服形制的格局。因此保持"夹克"称谓的便成为休闲西装，较正式的西装和礼服是不用"夹克"称谓的。可见"夹克"在西装家族中属于礼仪级别最低的。

	18 世纪	19 世纪	20 世纪	21 世纪	
古代的长衣比例大	夹克	夹克	夹克	夹克	当代的短衣比例大
	外套	套装夹克	运动夹克	运动夹克	
	乘马外套	乘马外套	西服套装	西服套装	
	弗瑞克外套	弗瑞克外套	晨礼服	礼服	
	礼服外套	礼服外套	燕尾服	公式化礼服	

图 4-2　夹克西装的社交份额与历史进程

图 4-2 中表明当代的夹克是指休闲西装，运动夹克为布雷泽，但凡不用"夹克"称谓的都不视为"休闲西装"，如西服套装是正式西服，礼服为塔士多礼服、黑色套装等，公式化礼服为晨礼服和燕尾服。从上述分析看，夹克西装的产生和发展，对男装中的晨礼服、塔士多礼服、董事套装、西服套装、布雷泽等的发展变化均具有重要意义。从时尚发展的观点来看，夹克西装既充满着现代男装强大的活力，又是最古老、最传统、最具绅士的种类之一。可以说对于男士，把握住夹克，就把握住了男装多米诺的第一块骨牌。要想真正地了解夹克西装，就必须从它的历史出发，熟悉它的产生、变化及定型的过程，这对打开整个西装知识系统与实践的秘密是把不可或缺的钥匙。

二、夹克西装的历史密符

　　穿出夹克西装的品位，需要用解读"达·芬奇密码"的智慧和耐心，因为我们对它就像对达·芬奇那样既熟悉又陌生：有谁不知道休闲西装呢，而肘皮补丁、阿斯科领巾、关领风襟、复合贴袋、蘑菇形皮扣、花式皮鞋等它们暗示怎样的信息就不是人人都知道的了。还有在传统社交中判断一个男士是不是真绅士，看他是不是穿出了 19 世纪 30 年代的味道。"30 年代的味道"就是"夹克的味道"，但这个课题是可以终其一生去研究探索的。

（一）夹克西装的三个重要时期

在西洋服装史中，18世纪后半叶到19世纪初的欧洲社交界是绅士们最活跃的时期，正如美国服装史学家布兰奇·佩尼所称"这个时期不论在法国还是在英国，常用的服装都是另一番景象。特别是在英国，男士的服装衣料质量精良、裁剪技术纯熟，修饰考究……因此，这一时期就男装史而言，是最值得称道的时期之一"。从某种意义上说，今天绅士的服饰规制正是这个时期确定的，没有哪个时期产生了像布鲁梅尔、柴斯特菲尔德等如此有影响力的英国名绅，即使到今天他们仍然是绅士的标杆，而在社交规范上却崇尚实用简约之风，这正是今天绅士服的基本准则。当时作为绅士的超级明星乔治·班扬·布鲁梅尔（George Bryan Brummell）从1796年到1816年具有支配地位，并奠定了改造传统巴洛克风（以繁缛为代表）为实用简约精神的现代男装基础。有很多现代男装的社交习惯都是由布鲁梅尔开创的。如衬衣至少每天换1次；领带要浆过后再用；服装是否有线条、裁剪是否合体；深蓝色为基本色调等。之后在维多利亚时代产生了诺弗克公爵爱穿的狩猎夹克和爱德华七世（1841~1910）的晚宴夹克（后来成为英式塔士多礼服），这种夹克对诺弗克夹克施加影响而成为今天的标准夹克。这正是夹克历史的开端，由此形成了以夹克为主导的现代西装的三个重要时期。

第一个时期是以19世纪70年代为中心的维多利亚时代，它是现代西装的发端期，现在看来当时是以休闲夹克的面貌出现；第一次世界大战开始之前的1900年为爱德华七世前的和平年代，英国工业革命的成果使夹克的社交半径大大增加，成为夹克西装的稳固期；到了1920年进入体育运动和摩托化（私家汽车大发展）时代，这时称为夹克西装的定型期，它是现代西装的原型，但今天看来它的粗呢面料、三粒扣和翻脚裤、上下衣的组合搭配表现出运动夹克的特征（图4-3）。服装史学家一般认为，经典的男装历史，1870年、1900年和1920年是三个重要的里程碑，而主宰它们的却是夹克西装。由此可见，真正当代意义上的西装是在这五六十年的时间形成的，从此使西装经过将

牛津学生日常装的原型是由诺弗克夹克简化细节发展而来的，猎鸟帽、灯笼裤就是证明，阿斯科特领巾、鸡心领毛衣则是现代元素

脱掉上衣图中站立着的着装更接近诺弗克夹克的"装备"，坐者的细节搭配作为夹克西装的元素无可挑剔

图4-3　20世纪二三十年代的运动夹克将现代休闲西装的所有元素定型

近一个世纪的流行却不能根本动摇这个基础。那么，在这个漫长的历史时期中，夹克西装又扮演着什么角色？

（二）从诺弗克夹克、狩猎夹克到运动夹克

谈到今天的夹克西装，不能不谈诺弗克夹克，因为今天夹克西装中的所有元素几乎都可以从诺弗克夹克中演变而来。朴素的苏格兰格呢、前后身有活褶、腰部有与衣身共布的系扣式腰带、两个复合贴口袋，灯笼裤、狩猎帽和压花皮鞋是诺弗克的基本装备（图4-4）。

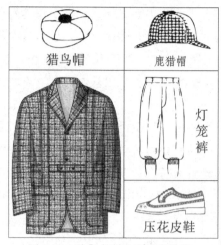

图4-4　诺弗克夹克的黄金搭配

诺弗克名称的由来有两种说法。一是这种夹克因为诺弗克公爵的钟爱而得名。1870年诺弗克风格的运动夹克在英国出现，当时裤子采用与上衣相同面料制作的灯笼裤和带纽扣的长筒袜、短靴组合，这种式样在当时成为时尚。而这种装束常被诺弗克公爵作为狩猎服使用。显然，是由于诺弗克公爵社会地位的显赫而决定了诺弗克夹克的命运。另一种说法是由英国东北部有名的狩猎地诺弗克州的州名而来。以上两种名称来源的说法，前一种成为主流，但无论是哪一种说法，都说明服装所具有的两种基本价值，也是人们的基本愿望：服装的命运总是和上层社会的命运联系着，说明人们的求上心理；另一方面说明，只有原始而良好的功用所形成的风貌决定着它的历史文化价值。因此，今天懂得穿诺弗克的，标志着他具有身份、修养，还暗示着诺弗克的场合一定是某种运动型的休闲场合。

面料也是从诺弗克的功用变成今天夹克西装的格调，是因为协调原野狩猎的气氛，还是把狩猎者装扮成田野的保护色使猎物不易发现？苏格兰格呢通常采用原野的墨绿色调或秋天的褐色调。后来索性把这种苏格兰格呢就叫作"三色格呢"（Gun club check），之后面料花色有所拓展，如米灰色呢（Oatmeal）、板司呢（也称席纹呢Hopsack）、窗格花呢（Windowpane）等。这就是今天夹克西装所用面料的原始依据。

与上衣同布的灯笼裤，配留有纽扣的高筒套袜靴子是它的原创风格；发展到中期是浅色薄料的灯笼裤，配纯粹的长筒袜和浅色轻便皮鞋（也称牛津运动鞋），领部扎阿斯科领巾，在今天看，这些装备仍然是夹克西装的黄金组合。

帽子是橄榄绿或褐色的毡帽，后来出现了专门的狩猎帽，表现出帽子、上衣和裤子统一的诺弗克风格（图4-5），而现代夹克西装把"统一"让位给了西服套装（三件套），开创了"搭配"的夹克西装规则。

19世纪中叶狩猎、高尔夫、乘马、自行车运动盛行，运动夹克几乎成为日常装。诺弗克上衣和灯笼裤组合的装束正是维多利亚时期最具代表性的服装之一。由于毡帽与诺弗克的组合使用也奠定了汉堡帽在今天作为常服帽的地位（图4-6），而成为真正狩猎帽的是苏格兰猎鸟帽（Homburg）和鹿猎帽（后来成为英国大侦探福尔摩斯标志性元素之一，

（见图4-4）。20世纪初贵族狩猎成为时尚并成为他们的生活方式，专门的猎装应运而生，它是在诺弗克夹克的原始式样基础上派生的狩猎夹克，即右肩有枪托垫布和肘皮补丁的猎装夹克（Shooting Jacket），汉堡帽也被广泛使用，这种装束已经和今天的标准夹克很接近了。

比服装词典更有说服力的是，自1835年建起的一家伦敦普鲁顿·斯特里德古董枪械店有更可靠的实物证据。它从1835年创办至近两个半多世纪以来，仍保存了与此有关的狩猎产品，如披风式外套与马裤、长靴的组合，长筒袜与牛津靴的组合。也可以看出大礼帽也在狩猎时使用。从这个百年老店可以窥见从维多利亚女王、爱德华七世、乔治六世到历代王公贵族狩猎御用的服装和枪械，猎装夹克的盛行可见一斑。不过诺弗克夹克并没有因此退出人们的视线，事实上诺弗克和猎装

图4-5　现代夹克西装形成前的绅士面貌

汉堡帽

图4-6　猎装夹克

夹克在当时并行着成为贵族户外运动的标志性装束，表现户外生活的丰富性，这也是它们成为后来的运动夹克的历史根源。

与诺弗克、猎装夹克并行的还有一种叫作竞技夹克的运动夹克，这种更具贵族化夹克的产生要归功于著名的圣安德鲁斯高尔夫俱乐部。在伦敦盛行的高尔夫运动，大约是从1744年开始的，显然这时诺弗克夹克还没有产生。这说明诺弗克夹克并不是专为高尔夫设计的运动服，更准确地说，它不是为某种运动专门设计的，而是作为当时"户外运动"的通用服。如果说它和某种运动有关系的话，不是高尔夫，也不是狩猎而是骑马，因为马是当时贵族唯一的交通工具。法国路易十五是典型的巴洛克时期，那时的服装流行乘马外套。法语称路丹科特（redingote），英国的乘马外套（riding）就是从法语演化而来。同时在英国还有一种本土化的称谓就是纽玛科特大衣（以赛马圣地纽玛科特命名），它是由弗瑞克大衣（1816年登场）演化而来，故乘马服还保持着弗瑞克大衣的形制。由于纽玛科特始终是英国的赛马圣地而由此命名。法国的路丹科特外套是以哈比（Habit）的样式在1760年流行的，实际上它是当时流行的男子长上衣，是裘斯特克外套（Justaucorps）的代称，它在18世纪中叶以后作为男子晚会服和社交服用语。

从时间上看，裘斯特克外套要早于弗瑞克外套，因此，弗瑞克是受裘斯特克的影响并又取代它的重要礼服。乘马服又在弗瑞克的基础上发展起来（从双排扣直摆变成单排扣圆摆为骑马功用所致），时间大约是在1825年，英国式的乘马外套（纽玛科特）是在1839年登场，19世纪末升格为日间礼服，最终取代了弗瑞克。同时它对后来出现的竞技夹克影

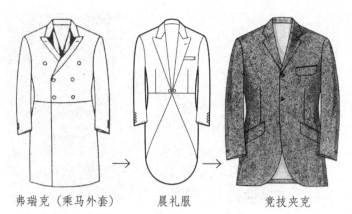

弗瑞克（乘马外套）　　晨礼服　　竞技夹克

图4-7　受诺弗克夹克影响又保持乘马服血统的竞技夹克

响很大，竞技夹克的形制就是将乘马外套减短形成的。因此18世纪中叶在伦敦流行的高尔夫夹克与其说是诺弗克夹克不如说是乘马服的改版，或者是并行的两种运动夹克，由于竞技夹克有乘马服的背景，今天它的社交等级略高于运动夹克（图4-7）。

上述这段时期可以说是诺弗克夹克形成前的一段历史，也是长上衣乘马服向短上衣夹克蜕变的历史。衣长变短标志着夹克的诞生，也融入了户外运动的通用含意（短打扮总是与运动有关）。因此，诺弗克夹克、猎装夹克也是运动夹克的代名词。著名的圣安德鲁斯高尔夫俱乐部产生于1754年，显然这个时期的高尔夫运动夹克不可能是诺弗克或猎装式样，而是传统的乘马服形式只是衣长被减短，配短裤。这是当时高尔夫服的典型风格之一。这种短的趋势也奠定了夹克西装的基础，沿此路线，诺弗克上衣和灯笼裤搭配这种定型化的高尔夫夹克是1890年以后的事了。狩猎也不是20世纪初才有，狩猎早已有之。因此，诺弗克夹克、狩猎夹克和竞技夹克它们有传承关系，但更重要的是它们互相借鉴的因素更多，是它们的功用所确定的典型样式被历史锤炼成优雅运动的文化符号，这倒是我们最宝贵的遗产。

（三）既丰富又经典的夹克西装组合

今天的男装专家们研究19世纪流行于英国的运动夹克的起因，对骑马运动倾注了更大的热情，如猎狐、猎鹿、猎鸟等狩猎用的乘马服、盛装乘马服、游园乘马服、远程乘马服、马球服等。今天夹克西装的原型就是当时用于骑马、狩猎、高尔夫等野外运动的诺弗克夹克、狩猎夹克和竞技夹克杂糅出来的。

远程夹克作为远途和田园的乘马服，已经脱离了长外套的形制，很接近今天标准夹克的样式：三粒扣、小开襟平驳领、有领襻、后中深开衩、腰线（收腰）靠上、两侧斜口袋是它的重要特点，有时加装小钱袋，这些元素也成为当代夹克西装的造型语言。诺弗克夹克和猎装夹克的带饰、背褶、复合贴袋、皮质枪托补丁、肘皮补丁等也都成为今天夹克西装设计的经典元素，如此完备的夹克密符，无论是学习和运用它们，纯粹和地道永远是不变的准则（图4-8）。

今天看来裤子的搭配在夹克系统中是自由的，但评价夹克的品位组合、高雅的味道，还是要看它所秉承的传统是否到位。夹克由田园骑乘产生了半截裤和长筒袜的下装形式。这容易被误认为是短裤，其实这是最初的灯笼裤的叫法，因为小腿扎绑腿穿高筒靴好像裤子形成上下两截的缘故。后来为了方便骑乘和穿高筒靴的要求发明了小腿紧贴、上胯部肥大的马裤，当然它主要用于军队的骑兵，并逐渐完善形成了第二次世界大战以来在裤子中最为复杂的结构样式，今天在马术运动中它仍是最讲究的裤子（图4-9）。

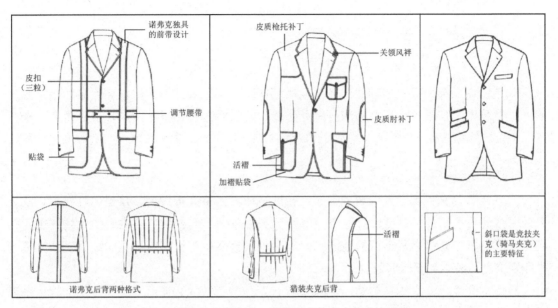

图 4-8 诺弗克、猎装和竞技夹克的基本元素

灯笼裤作为常规的夹克搭配发展到今天成为翻脚裤。它最早出现在 1860 年，那时高尔夫和自行车这些野外运动盛行，自然原有的乘马服灯笼裤被借鉴过来。灯笼裤（Knickerbockers）的语源来自新阿姆斯特丹，就是今天居住在纽约的荷兰移民。美国作家瓦新顿·阿宾古（1783~1859）在 1809 年写的《美国史》一书中就有描写膝下扎起来的荷兰人，可见灯笼裤的称谓是美国化的，但灯笼裤所形成的历史事项却在英国，或者在欧洲本来就有把灯笼裤看作荷兰人的习惯。这可能与荷兰人的航海贸易有关，促使灯笼裤也和夹克一样早就被公众接受。不过它的命运随着汽车等交通工具的完备，骑马生活的削弱而退出历史舞台。马裤保留下来更多的成为专属的骑士裤，使日常的休闲裤大为受宠，并伴随着宽边折脚的流行，从此翻脚裤取代了灯笼裤成为 20 世纪初典型的夹克搭配。

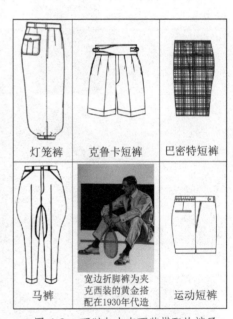

图 4-9 可以与夹克西装搭配的裤子

现代大众化的运动使夹克西装的组合方式向户外服（Outdoor）拓展，搭配方式更加自由和个性化，仅在裤子搭配的规则上，夹克几乎没有禁忌，包括克鲁卡短裤（Gurkha）、巴密特短裤（Bermuda）、运动短裤等，这恐怕是当今白领夹克西装大行其道的根本原因，也是他们最感欣慰的。如果要选择在 1930 年代形成的这种具有经典意义的短裤，还需要与夏季夹克搭配，因为任何一种搭配都会跟着一种规则，尽管是再休闲的服装，这正是绅士服的特质和魅力所在（图 4-9）。

三、夹克西装的造型研究

如果让你很准确细致地描述一下夹克西装的款式特征和造型规律，你会突然感觉无从下手，很熟悉的东西变得陌生起来。夹克西装比起西服套装和布雷泽来是最不讲究、最没有"地位"的那一种，然而却是它们的鼻祖和灵魂。

（一）标准夹克西装

一些人认为夹克西装是纯粹的便服，在造型元素上不会很讲究，这是一种误解。从夹克西装强调功能来看，甚至比其他类型的西装更注意细节的处理，它古老的传统和使用的广泛性决定了它既讲究又丰富的造型。因此，西服套装和布雷泽所具有的细部设计和造型手段在夹克西装中都予以保留。

今天的夹克西装大约是在 20 世纪 20 年代定型的，基本和西服套装同步，准确地说西服套装是从夹克西装中派生出来并在 20 年代确立下来的。西服套装的细部始终在沿用着夹

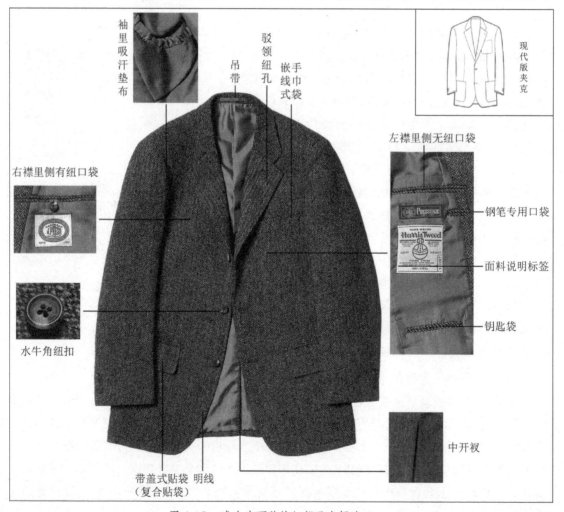

图 4-10　准夹克西装的细部元素解读

克西装的细部设计。细部的功能设
计是定做时代的残留，如袖孔腋下
里布夹装吸汗垫布；内侧口袋按实
用惯例的常规设计：右襟内侧大袋
有纽扣为隐形口袋，左襟内侧大袋
没有纽扣为开放式口袋（习惯右手
的方便使用），其下有专插钢笔的
小袋，并排是商标和面料说明标签，

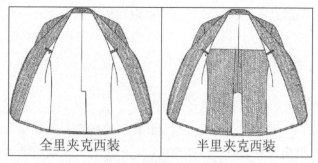

图 4-11　夹克西装的两种衬里形式

最下边是钥匙袋（图 4–10）。衬里有全里和半里两种，由于夹克西装来源于寒冷季节粗呢
面料的传统，所以保暖的全里设计为其典型的样式，半里是随包括夏季夹克西装在内向全
天候拓展，面料的广泛使用而逐渐多元化（图 4–11 和 4–12）。

　　夹克西装的标准款式为单排三粒扣平驳领。三粒扣系上边两粒，是由保暖穿法而演变
成的一种夹克范示，袖扣两粒或三粒，纽扣用水牛角或仿水牛角的树脂制成，采用皮质编
结的纽扣为诺弗克夹克和狩猎夹克的传统，现代也用塑料仿制。夹克左胸手巾袋用嵌线工
艺制作，下摆左右大袋用贴口袋加装袋盖的形式（复合贴袋），这一形式仍保留了诺弗克
夹克的传统，采用三贴袋的夹克西装是由此简化而来，也是现代版夹克西装的典型，普遍

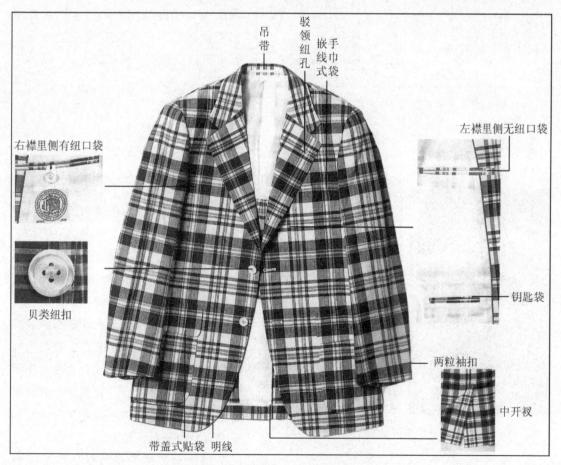

图 4-12　夏季夹克西装的细部元素解读

采用这种贴袋样式和它采用粗呢的传统有关（粗呢不适合挖袋工艺，见图 4-10 右上角线描图）。面料有织入生毛手感粗糙的传统苏格兰呢，也有加入了马海毛、山羊绒、拉玛兹毛等手感柔软的各种粗呢料。总之它一定是自然粗犷、朴实无华的风格。

（二）夏季夹克西装

夏季夹克西装是根据休闲社交的空间逐渐扩大应运而生的，同时合成材料的迅速发展也成为夏季夹克西装异军突起的注脚，这就决定了夏季夹克西装和传统夹克西装在形制上有所区别。首先根据夏季夹克西装的散热功能，基本款式虽然没有根本改变，但三粒扣最上边一粒被开深的驳领遮挡，这是保留形制改变功用的美国常青藤夹克样貌的回归。口袋的风格没有改变，衬里由于采用半里或无里，里边的口袋有所简化。纽扣采用贝类材料或塑料仿制。面料除了采用合成织物还有天然和混纺织物，如海力蒙、灯芯绒以及棉、毛、麻、丝为原料的素色、条格、斜纹等薄型夏季织物（图 4-12）。夏季夹克西装根据它的季节要求采用半里或无里设计，一般不采用全里（图 4-13）。夏季夹克西装的异军突起与主流社会倡导低碳生活有关，另一方面气候变暖和人类保暖措施的日益完善，使冬季服装的比重越来越少，相反夏季服装比重逐渐加大，可以预见夏季夹克西装总有一天成为夹克的主导，但夹克的灵魂不会因此消失。

无里夏季夹克西装　　半里夏季夹克西装

图 4-13　夏季夹克西装的两种衬里形式

（三）赋予个性色调的讲究搭配

作为传统夹克上衣，大多以富有肌理感，以各种纹理的粗呢为主，色调以秋天和岩石的色调为上乘，搭配的衬衣、毛衣、围巾、领带、鞋、手套等，要以整体粗犷的风格相协调。总的附属品搭配原则是：颜色要比主体（上衣）色调亮且纯度偏高，但色彩元素要有关联。图 4-14 是小纹理粗呢夹克上衣与附件搭配的范例。棕色人字纹呢上衣，采用小格纹阿斯科特衬衣、乳黄色毛衣和手套搭配让沉闷的色调活跃起来，但它们都没有脱离暖色的基调。

保持粗犷的质量改变色调是保有

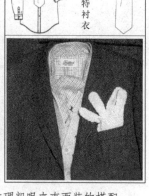

阿斯科特衬衣

图 4-14　暖色调小纹理粗呢夹克西装的搭配

品位表现个性的有效方法。蓝灰色调的格呢夹克西装，选择主调为蓝色的裤子、衬衣和领带就不是偶然的了。值得注意的是搭配的成功与否，取决于这种搭配痕迹的多少，搭配痕迹越少说明掌握夹克西装的语言越精准（图4-15）。

如果说传统夹克西装在搭配上还有一些讲究的话，夏季夹克西装则成为一种全新的概念。夏季夹克西装是以季节命名的，这就决定了其造型的基本前提。因此，它以高明度和高纯度色调为特色，但仍然有规整和活泼的个性区别。材料选择夏季麻、棉、丝或混纺薄型面料，搭配上内外衣几乎没有区别（图4-16）。但肌理、触觉的质量感仍是夏季夹克西装的灵魂。

图 4-15　蓝灰色调格呢夹克西装的搭配

条纹布（泡泡纱）夹克西装　　亚麻布夹克西装　　马格拉斯格布夹克西装

图 4-16　夏季夹克西装的搭配

（四）穿出"质量感"是夹克西装追求的基本法则

"质量感"是不能容忍"伪装"存在的，搭配既能产生质量感又能产生伪装的结果，看来夹克西装的搭配是很讲究技巧的，否则陷入"伪装"在所难免。

我们先看看夹克西装搭配的基本规律，这有助于加深质量感的理解。夹克西装上衣和裤子的颜色搭配没有严格的限制，同类色、对比色、上深下浅或下深上浅都可以作为夹克西装的组合形式。但是讲究的夹克西装色调设计并不是无政府的，大体上可以这样理解：采用上深下浅的组合是吸收了布雷泽的搭配规则，故有运动西装的味道；采用上浅下深的搭配是借鉴了夏季塔士多礼服上白下黑的格式，因此有礼服夹克的品质。夹克西装一般不采用上下衣同质同色的西服套装格式，因为"混搭"是夹克西装的一个基本特征，失去了搭配也就表示丧失了夹克西装的特质。因此，在社交界夹克西装有"调和套装"（Ensemble）的说法，"混搭"的时装概念就是由此而来。在男装店的夹克西装商品中不成套出售也是出于这个潜规则，这个潜规则不是人人都知道，它几乎成为品牌、奢侈品与准消费者（品位人士）心照不宣的密令，制造商当然在设计生产中也不会违背这个套路。这个密令不难解开，也不难学习，而难以把控的是它的"质量感"。

有触觉感的肌理面料是产生夹克西装质量感的关键，也就形成了有纹理夹克西装搭配的原则。通常情况下夹克上衣是纹理面料（有肌理手感或通过纹理产生视觉的质量感），裤子采用小纹理面料（手感平滑），相反也是可以的；采用相同纹理但在花色上要有所区

上浅下深，黑色套装风格的夹克西装组合

上浅下深、上格纹下素纹是夹克常规的组合

上粗犷下平滑、上深下浅是布雷泽风格的夹克西装组合

图 4-17　追求"质量感"的夹克西装及其社交取向

别，这样"质量感"也能有效的显现出来，这是材质与纹理的隐性与显性元素博弈的结果，当然天平偏向哪方，哪方社交取向（礼仪级别）就有所加重，这几乎成为夹克西装搭配的一种"学说"（图4-17）。

夹克西装在白领社会既是很有个性的一类，是很能穿出格调的一类。它本身是在自由自在中产生规则，穿出品位和格调是很困难的，精通它更不是件容易的事，重要的是把握"自由"和"规则"之间的平衡。因此，越是能够自由组合的，社会地位越高的人就越会对它敬而远之，因为自由的风险总是比规则要大，总怕这种自由组合出现不得体的后果。因此没有规则的规则，或者规则灵活的夹克西装比起西服套装和布雷泽来更不容易驾驭。掌握夹克西装最后的难关仍是"质量感"。

质量感的物理特性是指面料的重量感和体积感的协调。这里有两层意思，一是夹克西装上衣本身要有效的表现出面料质感，而在设计上不能掩盖材质的表现（伪装）；二是通过搭配产生意念上的质量感。例如裤子和上衣面料都采用相同的粗呢，这时产生质量感的同时往往还会带来臃肿的后果，如果采用相反的搭配元素反而烘托了上衣的质量感并还有一种帅气，如上衣是苏格兰人字呢配有柔光的华达呢裤子；上衣用苏格兰小格呢配灯芯绒裤子等。一般情况，夹克西装所配裤子的纹理较平，重量和体积也不如上衣，这样可以有效的衬托上衣的质量感，但为了弥补裤子重量感的不足（头重脚轻），通常采用翻脚裤设计，因此翻脚裤配夹克上衣便成为审美习惯。

然而，由反衬产生的质量感不能走向极端。如上衣是苏格兰粗呢，裤子面料用有光泽的丝织物，这样虽然可以把上衣的质量感衬托到极致，但这种类似丝织物的面料不能支撑有很强重量感和体积感的苏格兰呢，在风格上朴素的苏格兰呢和华丽的织物亦不能兼容。因此，和苏格兰风格相类似而相对薄一些的法兰绒、花呢、灯芯绒、卡其布等中厚而朴素的裤料成为夹克西装搭配的常规手段，也是充分表现夹克西装质量感的有效方法。

值得注意的是，现代夹克西装逐渐摆脱厚重的粗呢面料，取而代之的是薄型或超薄型呢料，甚至完全是一种夏季面料。为了保持传统夹克西装的苏格兰风貌，面料开发商通过仿真的花格设计在视觉上产生面料的厚重感和体积感，这几乎成为现代意义上夹克西装体现质量感概念（见图4-17）。

（五）夹克西装的多元性格比级别更有魅力

在夹克西装家族里，根据现代社交理论的观点，用社交级别细分它的层次，不如用性格来区分拥有者的个性风格，这说明夹克西装中的性格比级别更有魅力，因此人们在选择和判断不同夹克西装时淡化它的级别而更加注重它的性格特征。从历史上看夹克西装家族确实存在着级别性，换句话说，夹克西装的性格是由它的级别引发出来的，在今天级别性仍在左右着男士对夹克西装的穿着行为，如夹克西装总是比猎装夹克级别要高比西服套装级别要低。夹克西装的级别分两个方面：一是它自身存在的级别性；二是它和西服套装与布雷泽保持的级别关系。

夹克西装和布雷泽、西服套装的级别关系主要表现在面料、式样和搭配三个方面。面料风格是由服装功能决定的，久而久之这种风格便成为传统规则。级别主要是由礼仪程度划分的，级别越高织物原料和织物结构越精细，反之就越粗犷，西服套装面料高于布雷泽，布雷泽又高于夹克西装。面料上也是由细到粗分配的，西服套装是以花呢、哔叽、华达呢等精纺织物为主；布雷泽是以法兰绒为代表的中纺织物为主；夹克西装是以苏格兰呢为代表的粗纺织物为主。由此也就决定了它们在式样和加工上的区别。西服套装采用精纺织物适用于挖袋工艺的细致加工；布雷泽的法兰绒和夹克西装的苏格兰绒同属粗纺呢，不适合用挖袋（不宜细致加工）而采用贴袋式样成为它们的共同特点。三者的局部功能设计演变成今天的社交级别元素：西服套装单门襟两粒扣系上边一粒，袖扣三粒表明它的级别比布雷泽和夹克西装要高；布雷泽单门襟三粒扣系中间一粒，袖扣两粒表明它处在中间等级；夹克西装单门襟三粒扣系上边两粒，袖扣两粒说明它处在便装的位置。不过后两种在级别上更接近，有时把它们视为同一类服装也是符合常规的。在搭配上越规整级别越高，越自由级别越低，显然西服套装属于规整的那一类，布雷泽次之，夹克西装属于自由的那一类（图4-18）。然而现代西装更注意搭配中产生性格，因为在面料和式样上不再固守各自的形式，而一套西装通过不同的搭配产生不同的性格，进入不同的场合，这是当今男士们更乐于接受的。例如，一套西服套装也可以像夹克西装那样自由搭配；一套夹克西装也可以搭配的整齐划一；

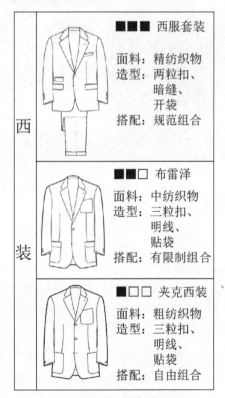

西装

		■■■ 西服套装
		面料：精纺织物
		造型：两粒扣、暗缝、开袋
		搭配：规范组合
		■■□ 布雷泽
		面料：中纺织物
		造型：三粒扣、明线、贴袋
		搭配：有限制组合
		■□□ 夹克西装
		面料：粗纺织物
		造型：三粒扣、明线、贴袋
		搭配：自由组合

图4-18 夹克西装在西装家族中的礼仪级别最低

一套布雷泽，只要保持上衣不变任何裤子都可以搭配，在社交取向上更看重它们的个性风格而淡化它们的社交级别（在同一场合它们同时出现不成禁忌），这恐怕就是现代西装的魅力所在。

（六）经典夹克西装的级别格式

按照传统的惯例，夹克西装系统内部的级别和功能依次是：运动夹克为标准夹克，用于休闲的公务和商务，如休闲星期五；竞技夹克用于骑马、高尔夫等高雅运动，也适用于标准夹克相同的场合；诺弗克夹克用于散步、私人休闲等；狩猎夹克用于户外休闲和诺弗克相同的场合；旅行夹克为衬衣夹克已进入完全的户外服系列（图4-19）。

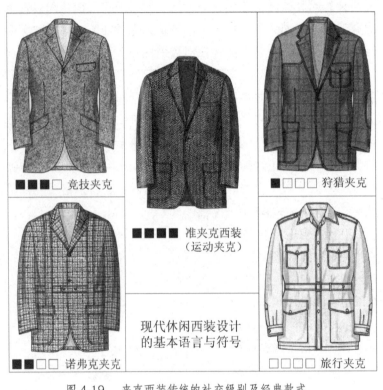

■■■□ 竞技夹克

■■■■ 准夹克西装（运动夹克）

■□□□ 狩猎夹克

■■□□ 诺弗克夹克

现代休闲西装设计的基本语言与符号

□□□□ 旅行夹克

图4-19　夹克西装传统的社交级别及经典款式

1. 运动夹克

运动夹克（Sport jacket）也是所有夹克西装的总称，标准夹克西装是以它为代表的。在历史上，夹克西装起源于狩猎运动，是由诺弗克夹克演变而来，因此在面料和款式上都有诺弗克的痕迹。苏格兰人字呢是它的标准面料，因此在国际社交界亦称人字呢夹克（Herringbone Jacket）。运动夹克在夹克家族中社交级别最高。造型为典型的自然肩直线型即常青藤型（H廓型前胸之间不设省）。这种造型为布雷泽和夹克西装的标准造型，由于它有良好的舒适性，成为整个西装最为流行的大众化造型。

2. 竞技夹克

处在第二位的是**竞技夹克(Hacking jacket)**。它原为骑马夹克，它的前身是晨礼服，因此，竞技夹克的收腰造型、后身的刀背结构（维多利亚裁剪）、明开衩设计都是晨礼服的残留，保持着英国的传统风貌。今天的竞技夹克有两种用途，一是保留骑马夹克的基本功能，用在骑马障碍赛的骑手中，前身款式为单门襟三粒扣，开襟较浅形成小八字领，斜口袋设计是它的基本特征。在日常生活中，竞技夹克通常作为英国传统风格的夹克，其标志性元素（如斜口袋）暗示某种崇尚纯血统文化的服装语言。它的款式，前身基本采用西装造型，三粒扣的夹克特点没有改变。胸袋采用夹袋盖或船型口袋设计。袖扣一粒为标准。面料采用与布雷泽相同的法兰绒，颜色以鼠灰为首选。因为这种形制与西服套装相似，故它的级别与标准夹克西装不相上下。

3. 诺弗克夹克

　　诺弗克夹克（Norfolk jacket）为夹克家族的始祖，因今天不太流行而降至第三位。真正意义上的夹克概念完全是由诺弗克的产生而确立的，可以说没有诺弗克也就没有夹克西装这个家族。因此，社交界的绅士们，在夹克这个品种中从未放弃过它，资深的绅士认为，对诺弗克的认识标志着对夹克文化认识的一种贵族修养。诺弗克的形制是很特别的，这和它原属猎装、高尔夫服有关。腰带、前左右竖带和后背中带设计显然是受军服的影响而大大增加了它的耐穿性，这些和苏格兰呢的结合，充分表现了英国古老而幽雅的田园气息，有一种十足的贵族气。不过这些都在后来夹克的演变中受简约主义的影响均被去掉，只保留了单门襟三粒扣贴口袋的形式，这就是今天的运动夹克。但是作为诺弗克特有的皮质纽扣仍有很强的生命力，皮质纽扣在今天的标准夹克、猎装夹克和它本身中都有保留，它几乎成为识别经典夹克西装品质的标志。因此诺弗克可以说是夹克家族精神家园的最后守望者。

4. 狩猎夹克

　　狩猎夹克（Shooting jacket）的社交取向仅次于诺弗克夹克，但今天看来它比诺弗克流行更广一些。它的形制与诺弗克夹克有亲缘关系，但更多的是它自身完善了狩猎和射击功能，并成为休闲西装的标志性元素被固定下来保留至今。袖肘部和右肩为握枪的需要增加的麂皮补丁，背部在袖窿缝合处为两臂活动而设计的褶裥。前身款式仍有对狩猎完备的考虑：左襟翻领于驳领形成的夹角处设有明襟，这说明它可以将敞开的门襟关闭起来起到防风防寒的作用；一个胸袋两个大袋都采用明扣袋盖的贴袋设计（夹克的基本特征），并均作暗褶裥以增加口袋的容量。这些功能看起来已成为过去，但没有丝毫放弃的可能，相反它已经成为诠释绅士休闲西装运动精神的一种文化符号。狩猎夹克与竞技夹克在造型上都采用有腰身的设计，而标准夹克和诺弗克都采用常青藤型的无腰身设计，这些细节对于认识传统夹克风格的原始功用是不能忽视的，今天的多元化社交也使它们得以保留。狩猎夹克采用海力蒙和大格粗呢面料是它的传统。

5. 旅行夹克

　　处在夹克家族最后一位的是**旅行夹克**（Safari jacket），也称萨法瑞夹克，由于它更像休闲衬衣通常被排除在西装之外。旅行夹克最初是以非洲狩猎为目的而设计的，由于非洲热带气候的原因而设计成类似今天外穿化衬衣的形式，这也是它在夹克家族中处在最低位置的原因，因此社交界习惯于把它作为户外服，而不作为夹克西装使用。如果以礼仪程度来衡量的话，除了旅行夹克以上的夹克西装还保持了最低一级职场用服装的话，旅行夹克则是它的末点，户外服的起点，因此我们在权威的男装词典中（见绪论图10），旅行夹克是被划到户外服（Outdoor）范畴的。然而它的历史并不比诺弗克短，甚至诺弗克早期的形制就是瑟法瑞夹克。旅行夹克主体结构与衬衣相仿，关门领明襟五粒扣，卡夫（袖头）的设计与衬衣没有什么区别。肩襟、胸部和下部对称口袋和腰带的设计都带有军服的特点，这是它历史久远的佐证（见图4-19）。

上述五种夹克，可以说在历史的过滤中，经过时间的锤炼至今历久弥新，其每一种样式、每一个细节都是人类生活艺术的结晶。多少男装设计师试图以新的概念取代它们，最后都是短命的，因为设计师无论有多高超的水平和声望，但他的文化沉淀在整个历史锻造的文化结晶中不过是一粒溅出的火星。因此，我们惊奇地发现，在男装的历史中几乎没有一个由设计师命名的标志服装流传下来，这从 THE DRESS CODE（男装规则）文献提供的夹克西装风格论中会得到证明。

四、夹克西装风格论

夹克西装在历史进程中与西服套装和布雷泽西装始终是相伴相生的，因此在风格的形成上也十分模糊，比如夹克和布雷泽都具有运动特质；夹克最初也和西服套装一样用上衣、背心和裤子三件套组合的搭配方法。如果说不同的话，那就是夹克西装无论采用什么方法和手段都不能变成礼服（布雷泽和西服套装可以），因为"夹克西装"的本意就决定了它的命运。历史上夹克西装风格无论怎样风云变幻也无法改变校服夹克、运动夹克、休闲夹克这三大类。

（一）校服夹克

夹克西装除了服务于某些运动项目外，还被用来作为校服使用，不过这种校服仍有休闲的成分在其中。历史中最典型的是伊顿公学和普林斯顿大学用夹克西装作为他们校服中的一种类别，可见，夹克西装具有区别于其他服装类别的优越性和特殊性。

1. 伊顿夹克

伊顿夹克（Eaton jacket）是英国伊顿公学制服的一种。伊顿公学是英国王室、政界和经济界精英的培训之地，严格的着装是伊顿的校规，伊顿校服犹如宫廷朝服，等级分明。伊顿公学为不同职位、不同等级、不同荣誉的获得者设计了不同着装。伊顿校服属于礼服类似绅士的黑色晨礼服、高领白色衬衫、黑色的马甲、长裤和牛津皮鞋。在黑色晨礼服中，有一些带披风，那是国王奖学金获得者的标志。有些穿不同颜色马甲的，是伊顿5年级的"明日之星"，他们是从所有获奖者中选出的佼佼者。如果配有银色扣子（类似布雷泽风格），则代表最高级别的优秀学生，他们有权参与学校政务。通过这些日常服饰上的变化，突出竞争中优胜者的地位，使他们理所当然地鹤立鸡群，让学生充分体会优胜者的优越感、荣誉感。不过，学生的普遍校园生活是在课余时间，也可以穿一些夹克类的便装校服。伊顿夹克便是这种类型，它是类似于梅斯（夏季晚礼服款）的短上衣或者针织短夹克。其特点为西服领、单排三粒装饰扣款式。因此它也被视为梅斯夹克类型（图4-20）。

2. 啤酒夹克

啤酒夹克（Beer jacket）是工装夹克的校服。因此不要误读成喝啤酒用的夹克，其实它有丰富的校园制服文化特色，它从1930年代开始到40年代流行于美国东部，是初夏用的派对校服。最初这种上衣的原型是在1932年春一部分普林斯顿人所穿着用来参加啤酒晚会的，它是单层缝制的宽松白色上衣。材质用棉卡其布或牛仔布之类，为宽大西装领（阿

历史中的梅斯夹克
（夏季晚礼服款）

图 4-20　伊顿公学的短夹克校服（用于校园非正式场合）

图 4-21　由啤酒夹克发展来的普林斯顿大学校服

尔斯特领）、方块形贴袋，单排三个纽扣小圆摆。同材质的背带工装裤，巴克斯（white bucks）鞋或者茶白色、黑白色的鞍形靴是常规的搭配，总之是一种很经典的工作服风格。这种啤酒夹克并没有成为一种记忆，到现在也还在普林斯顿大学中穿着，在每年最后一个学期的春天为毕业年，毕业生们会以啤酒夹克标准版的服装作为毕业纪念。而这种夹克在生活中几乎成为工作服的范式（图 4-21）。

（二）诺弗克风格

夹克西装的主体风格是运动型，它们经常会被用于狩猎、射击、骑马、高尔夫等运动当中，而且由于不同运动的需求和地域文化的渗透，有着独特的造型和功能形态，造就了像诺弗克夹克、狩猎夹克、竞技夹克这些经典，而诺弗克夹克在运动夹克中又最具相应力，可以说"诺弗克风格"是整个运动夹克家族中的共同基因。

诺弗克夹克（Norfolk jacket）是指上衣前后带有垂直褶裥式细带，腰部有纽扣结的腰带，左右两个大袋为有袋盖的贴袋，前门襟为常规的三粒扣平驳领西装款式，这是诺弗克夹克的经典风格，这些元素也成为休闲表达的经典元素（图 4-22）。这种上衣本来是用于狩猎或者高尔夫运动，后来拓展到自行车、郊游、垂钓等各种户外运动，又因为其原型是从英国贵族 Norfolk 公爵的狩猎服开始，而打上绅士休闲生活的标签，这是有关诺弗克身世的主流观点。另外一个观点是《esquire（乡绅）版 20 世纪男士服装百科》中的记载：在英国 Norfolk 地区的男士们喜欢穿着一种用相同粗毛织物制作的上衣和长裤组成的狩猎服，其起源要追溯到久远的 18 世纪初叶。据说在当时的英国保有各地的特色，穿着独特的狩猎服是一种时尚。这种经典的猎装就是在历史的筛选中保留下来的。而日本的男装史学家堀洋一并不完全认同上述这种说法。因为在英国的传统中名门显贵的影响力要远远大于一个地名，而且 Norfolk 公爵一家是从 15 世纪开始就发展起来的英国历史悠久的名门贵族，到 18 世纪初已经是第

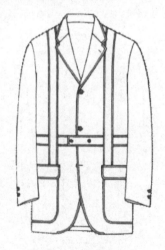

图 4-22　诺弗克夹克

八代的 Norfolk 公爵。据史料记载诺弗克第八代作为狩猎的高手已经赫赫有名了。因此，Norfolk 公爵的狩猎服恐怕就是根据这个第八代的设计有所关联，这既符合事实又符合逻辑，这就是社交界崇高英国绅士文化的潜规则。

诺弗克夹克的最大特点，在前后身左右各设置有两条箱式褶裥，在与这个箱式褶裥相连的两侧配有带盖的贴袋，在胸部左右多为利用褶裥的开缝设计成暖手口袋。后身设有两侧开衩或没有开衩。这种设计由于出自名门贵族很快就以 Norfolk 夹克的名称被上层社会继承着，后来就变成了住在当地的绅士们将与其相同材料制成的裤子合在一起穿着，这是当时诺弗克定型的情况。

诺弗克夹克作为时装而被众所周知是在后来的维多利亚时代鼎盛的时候了，诺弗克也就被打上了盛世名盈的烙印而名品辈出。1866 年亮相的诺弗克衬衫（Norfolk blouse）使诺弗克风格向夏季狩猎服拓展，这就是后来美国版的狩猎衬衣（萨法瑞夹克）与诺弗克存在血缘关系的证据（见图 4-19）。到了 1880 年代，出现了替代款的 Norfolk 西装，即可以自由搭配的诺弗克上衣，并作为各种运动或者休闲夹克而受到了时尚的英国绅士们的青睐和追捧。

图 4-23 萨弗克夹克
（美国版诺弗克）

像诺弗克夹克这种国际化的经典类型，往往是发端于英国、发迹于美国。除了萨法瑞衬衣以外，**萨弗克夹克（Suffolk jacket）**就是美国版诺弗克夹克样式和用语。它与前后身左右各有一根箱式细带的诺弗克相比较，萨弗克夹克只在后身中央有一根细带。可以说这是美国版诺弗克夹克的独特之处（图 4-23）。

当然这种上衣在美国的 1911 年秋初次登场时还完全是英国风格，不过很快就由一个有名的男士服装店作为高尔夫套装推出而开始了它的美国历程，也是诺弗克命运的转折。在美国，从 1910 年代直到 1930 年代为止，诺弗克作为最引领时尚的运动上衣而被无数次地大书特书，据传当时存在着社交的规则，认为拥有诺弗克夹克的男士就等同于具备了时尚绅士的资格，这种规则到今天的社交界也是很可靠而隐秘的武器。

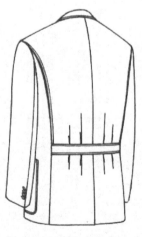

图 4-24 高尔夫夹克

高尔夫运动和狩猎一样可以说是贵族的标志性运动，因此，诺弗克和高尔夫夹克有着千丝万缕的联系，**运动夹克（Bi-swing jacket）**就和诺弗克夹克有浓厚的血缘关系。背后的两肩腋下处褶裥是为手臂运动方便而设（图 4-24）。面料根据季节分为粗花呢、薄法兰绒、棉布、麻等。Bi-swing 夹克西装是指"摆动自如的上衣"，这种设计针对打高尔夫用的夹克是美国化的称谓，事实上它仍然是诺弗克风格的延伸。在1930 年中期流行。

褶裥夹克（Sunningdall）是同一时期的另一种高尔夫夹克，起源于高尔夫专用的运动西装，流行于 1920 年代至 30 年代。

据说它是根据德国人裁缝店的思路而推出的，所以又称为"德国西服"。它最大的特点是，后背部是用一整块儿布，从约克线到腰带以下 6cm 的间距缝制出大约 7.5cm 宽布满背部的箱式褶缝，并穿着时用腰带勒住腰部，使腰带以上褶裥规整，以下自然散开（图 4-25）。前片为简化的诺弗克款，纽扣通常是斜纹格包扣，口袋是风琴口袋（立体口袋）或者褶裥贴口袋（类似狩猎夹克贴袋），胸部贴口袋左右分布或只设在左胸。材料以粗花呢为主。褶裥夹克在欧洲大陆和英国历史悠久的高尔夫球场（St. Andrews）同样出名，故它被社交界纳入诺弗克风格的夹克类型。

图 4-25　褶裥夹克

（三）夹克西装的"机械主义"

　　夹克的"机械主义"一般认为它是 1950 年代的时尚概念，这和当时马龙白兰度主演的影片《摩托党》（也叫《乱暴者》）的风靡有关，他的标志性机车夹克也成为那个时代玩世一族的象征。然而，这之前半个多世纪上层社会的"机械主义时尚"就很成气候了，和 20 世纪 50 年代不同的是，它是真正贵族们把玩的东西，并形成圈内的秘符，最具代表性的就是狩猎夹克。

1. 狩猎夹克

　　狩猎夹克（Shooting jacket）首次流行的说法，是对当时贵族们盛行残酷的野外狩猎生活，强调夹克耐久性而表现出来机械美的细致描写，如右肩有扛枪补丁，袖子上有防磨的护肘皮丁，左翻领端有领襻，它们均由优质的羊皮制成。材料多以刚克拉布花纹的粗呢为主，也用珩格子、黑白小格子粗呢和海力蒙人字呢及各种花格粗呢。这些标志性元素打造了十足的"男人野性气质"，这已成为主流社交对于狩猎夹克的秘密。其实它真正的灵魂深处仍继承者一个世纪前（1870 年代）流行的诺弗克风格每个细节的精神。这可谓男装历史中青出于蓝胜于蓝的经典案例，即使在今天也是被绅士们大书特书的奢侈品休闲西装的标签（图 4-26）。

图 4-26　狩猎夹克

2. 飞碟射击夹克

　　飞碟射击夹克（Skeet shooting jacket）可以说是在狩猎夹克基础上派生出来的运动夹克。Skeet 在英语中是指经机械操作而飞起的黏土制飞碟靶子，即射击练习用的"碟靶"。飞碟射击夹克初次出现是在 1929 年，流行于 30 年代以后。初次登场时有企领（类似衬衫领）后来发展成无领（V 字形领圈），衣襟是五粒扣的单排门襟，直下摆，右肩上覆有皮制补丁，在前身左右配有诺弗克式的细带，并在侧袋的上方用纽扣固定。侧袋大多为大号的风琴式贴袋（图 4-27）。在两肩后部经常会折有较深的褶裥提供手臂的活动量。原材料经常会使用暗青色、暗绿色或者茶色的较厚毛织物。袖子最初使用经过防水加工处理的绸缎，但是

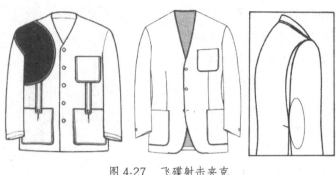

图 4-27 飞碟射击夹克

很快这个风格就被抛弃了，最终使用与衣身相同的材料缝制而成。无领和带有西装领的 Skeet 夹克西装并行的时代是从 1936 年开始的，用粗花呢制作的现代版 Skeet jacket 也称射击夹克（Shooting jacket），它从 1940 年代开始至今仍是具有独特机械主义风格的运动夹克。

（四）充满贵族气的骑马夹克

骑马夹克（Hacking jacket）是独立于诺弗克、高尔夫和狩猎夹克之外，更接近礼服的运动夹克，这和古老的贵族游戏马术运动有关，形制的传承也是由乘马服（后升格为晨礼服）简化而来（图 4-28）。Hacking 是专指赛马之意，后因模仿它而成为时尚的休闲西装，被社交界称为"竞技夹克"。设计上的特点，款型为单排三粒扣（也有四纽扣的）。领子是 V 字平驳领（其中也包括领带有滚边的）。左胸袋是普通西装的箱式口袋或者带盖口袋。两个侧袋是倾斜式带盖口袋，这是它的标志性元素。有时在右侧袋上加小钱袋。前衣身裁剪下摆会呈大喇叭形，这是为骑马运动方便的考虑，衣服长度比一般西装稍长。后开衩是

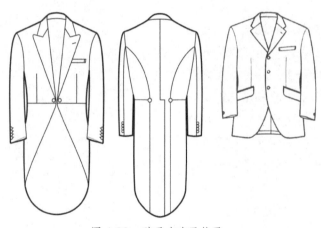

图 4-28 骑马夹克及传承

较深的中央开衩，后背有刀背缝的裁剪是它的传统样貌，看得出这些裁剪风格带有乘马服（晨礼服）的痕迹。袖扣多为一个。材质通常是以雪特兰毛织物或者海里斯为首的花呢类为主，刚克拉花格或者黑白小格子花纹是它常用的格布，就是说多使用配有地方格子呢面料是一特色。由于它的造型简洁，款式又接近西服套装（Suit），社交界通常视它为高贵的休闲西装。

（五）休闲夹克追求面料的触觉风格

真正意义上的休闲夹克是从历史中的运动夹克简化而来，具体说是从诺弗克、狩猎夹克和高尔夫夹克做减法一步步发展到今天，其保留最重要的痕迹就是粗呢面料，可以说有触觉感的面料就是休闲夹克最保险的判断。

人字呢夹克（Herringbone jacket）是以 V 字状纵缔纺织为特征的，一种粗斜纹哔叽面料制成的休闲西装，俗称"杉绫"西装夹克。用"杉绫"这个名称是指用杉树的叶子纤维织成斜纹布。其实英语 Herringbone 是个词组，它的解释，herring 是鲱鱼、bone 是骨头的意思，连起来就是鲱鱼的骨头形状（鱼刺状）。这种人字呢（Herringbone）是指更广泛

的粗毛织物，纹理有着 16 世纪以来传统的古典风貌，这个词的初次出现是 1598 年。人字呢花纹最正统的肌理是白黑交织或白色和茶色交织，作为现代定型的人字呢纹理，是从 1896 年开始的。今天在使用的粗纺厚呢或者海力斯粗呢中，有大中小花纹的区别，也不限于夹克西装了，有外套用的大杉树，也有西服套装用的小杉树各种各样的杉绫。一般在夹克西装中多用中等规格的杉绫，最具代表性的就是海力斯粗呢。因此，这里所说的"Herringbone 夹克西装"就是指海力斯粗呢夹克。这种面料也就成为休闲西装的代名词（图 4–29）。

图 4-29　人字呢夹克

　　"休闲夹克"以我们的习惯称作"休闲西装"，在英语中的准确称谓是运动夹克（sports jacket），这是因为在历史中它们都是由某些运动而产生的，到今天便升级为休闲西装。相反的情况也有，历史中原属休闲夹克的，现在升级为准西装（Suit）。例如**休闲夹克西装（Lounge jacket）**只是休闲西装的古称，于 1848 年初次出现。Lounge 除了有散步、漫步的意思之外，还有休息室和会谈室的意思。最初应该是散步用，或者是闲谈用的便服，在 19 世纪的英国就是非正式的意思，在美国称为**便装短外套（Sack coat）**，也有便装之意。现代沿用此语就变成了"正式"的意思了，在今天的社交请柬中注有"Lounge 夹克西装"或"Lounge suit"暗示要穿西服套装或黑色套装，如果穿"休闲西装"就是不小的误判，还有一个不易被误判的关键因素，就是面料的粗细程度，这是散步服比人字呢夹克能够晋升到"正式"的原因。

五、夹克西装的社交案例

　　夹克西装（休闲西装）在现代社交中，特别是公务、商务的职场中大有取代西服套装的趋势，是因为它比西服套装有更大的适应空间和个性风格发挥的余地。

（一）职业化夹克西装

　　夹克西装逐渐变得职业化，是休闲化社会强调个性存在的必然。因此，一般的商务、公务活动不再恪守西服套装的一统天下，富有个性化的夹克西装几乎成为职业西装的半壁江山。但是商务、公务等活动必定处在严肃的场合，故选择标准夹克西装为主流是明智的，各色的苏格兰呢夹克上衣是必不可少的。与裤子搭配时，虽然是很自由的，但多少还有自成格调的原则，表现出务实、自然、纯朴、简洁的风格，如灯芯绒裤子的自然朴实、华达呢裤子的简洁沉稳都有和肌理感强的苏格兰呢上衣组合获得既变化又融合的效果。值得注意的是上下衣都带有条格面料的搭配是传统夹克组合的习惯，在今天并不流行，不同颜色和质地的搭配并不影响它的"正式感"，重要的是讲究的衬衫和领带可以使夹克西装升级。

　　职业化夹克西装的衬衣以白色和中性的条格衬衣为主流，材质是棉、混纺、牛津纺等。饰品要避免选择装饰性强的，功用性是它的选择原则。领带花色以条纹或几何纹为主，色

格子围巾、领带

棕色压花皮鞋

图 4-30 无可挑剔的职业夹克西装

调要与衬衣、毛背心的色调协调统一。鞋以茶色或黑色休闲皮鞋为主，这种鞋被称为储钱罐（Coin loafers），翻鹿皮鞋是它的标准搭配。

夹克西装的苏格兰呢一方面说明它的正统性（崇英暗示），另一方面它还具有明显的季节倾向，因此在社交界有夹克为冬季西装的说法。橄榄绿色调的苏格兰斜纹呢料（diagonal，织贡呢）配墨绿暗红格领带和围巾，浅粉色调白领牧师衬衣与浅粉色的胸饰巾，看得出是精心设计的，也说明这款夹克西装的组合具有无可挑剔的经典和冬季的时间元素（图4-30）。

在社交界和朋友、同事、熟人的临时周末聚会，或者直接使用在办公室内穿的夹克西装是没有禁忌的，但是如果有明显暗示的请柬和正式的周末聚会一般不会选择夹克西装。不过熟悉的人也好，朋友也好，聚会毕竟是一种社交活动，在夹克西装的选择上用职业化的标准夹克更保险，且搭配要讲究，在这种场合如果得到"年青绅士风度"的评价或默许就是成功的。

图 4-31 城市贵族表现十足的夹克西装

夹克西装本来是田园风格的代表，它经过200多年历史的演变和发展，大都会的元素被融入其中。如贵族、纨绔们在社交中的好恶，他们一方面固守传统，另一方面又表现出好为人师的潮流领导者的姿态，使贫民出身的夹克渗入了贵族血统。因此，追求都市化也是夹克西装职业化的一大特点，年轻绅士的夹克装束总是保有某些传统的典型性：上衣为素色夹克配苏格兰格裤，这种搭配有些20世纪五六十年代欧洲纨绔的味道，而双排扣毛背心又是很正统的样式（晨礼服背心语言）。带领卡的衬衣和隐纹银灰领带又是很正式的西装符号这些都能从历史中找到出处的元素集夹克西装于一身，足以判断一派城市新贵的风范（图4-31）。

（二）全能的夏季夹克西装

夏季夹克西装可以说是绅士服中的新成员。在男装历史中，夹克意味着在保有厚重苏格兰风格的秋冬季才使用的运动上衣（狩猎、高尔夫运动等）。随着夹克在国际社交界的普及，季节不再是单一性了，而出现一年四季通用的情况。首先是夹克面料薄型化；其次，夹克西装的绅士血统越来越让位于它的休闲性格，这更符合现代人的生活方式。因此夏季朴素而轻薄面料的夹克西装在男人社会被视为夏季职业套装或轻便西装的趋势。面料多采用一反传统的棉、麻、丝、毛与人造纱线混纺的薄型织物。然而它并没有因此放弃苏格兰传统的田园风格，在质地上创造出更加适合夏季的薄型面料，在风格上偏重于海滨的清爽味道。

采用整体灰色调显然借鉴了西服套装的风格，但条形上衣配净色裤子又有区别。上衣夹克常用的贴袋设计，薄型的毛麻衣料仍表现出夏季夹克西装的基本风貌。钝角的方领蓝条纹衬衣配灰地星点纹领带使职业的味道更加浓厚。因此这款组合虽然是夹克特点，但它整体讲究统一色调的气氛更像西服套装，可见夹克的级别是相对的，这要看你如何创造性地利用男装的这些语言（图4-32）。

休闲化的夏季夹克西装可使用牛津纺、钱布雷布（Chambray）等夏季面料做上衣。衬衣、裤子用夏季常规的麻、棉平纹、斜纹织物。饰物与各自的整体统一协调。注意格布衬衣一般不与格布夹克外衣组合。作为周末休闲夹克，它们颇具代表性，如果强调其运动气氛，T恤、牛仔裤、运动鞋和不系领带都是不拒绝的（图4-33）。

朴素明快的夏季面料、粗格纹衬衫和对比明显的搭配，这就是夏季休闲夹克西装的风格。系领带说明还带有一定的正式性，不系领带则完全变成了休闲西装

图4-32 具有西服套装风格的夏季夹克西装　　　　图4-33 三款夏季休闲夹克西装

（三）自由空间的个性夹克西装

夹克本身就颇具个性化，且赋予了极大的组合空间，这是其他西装望尘莫及的。因此夹克西装便成为现代男士体验"优雅着休闲"这种"至上主义"的集大成者，这主要取决于它固有的绅士血统（诺弗克公爵命名的主流夹克）和变化多端的发展空间。在现代男士看来，它既不失白领的高贵格调，也有领导时装潮流的身价和地位。总之，进入到夹克的自由境界是一个男人成功形象的重要标志。

我们更亲近于夹克不循规蹈矩的我行我素，看上去它好像是为实用而设计而搭配，其实它所追求的精神价值是"自然主义的宣言"，说它是迎合了现代人的价值观和生活方式更为贴切，其实它比起原创时期的苏格兰格呢上衣，灯笼裤高筒靴的诺弗克夹克粗犷、朴素的田园风貌表现的有过之无不及。今天的夹克西装调动了所有的自然甚至是带有野性的

阿斯科特领巾是秋冬季夹克传统的搭配

翻鹿皮鞋

图 4-34 自由空间的冬季夹克西装

组合元素，这一点看来完全是现代人对生活体验更为广泛的追求，是诺弗克时代的人难以理解的，如果说诺弗克所有的造型元素都是为了生存和实用而存在的话，今天夹克的"自然主义"绝不是为了它们，因为今天的职业更多元了，精神世界更丰富了。在造型元素上除苏格兰绒以外还有格子花呢、斜纹粗布、灯芯绒以及牛仔裤、登山靴等。搭配上更加个性化：有羊毛、维耶勒法兰绒衬衣、T恤、高领毛衣、对襟毛衣，大格毛绒织围巾，既传统又实用的阿斯科特领巾、线织手套、皮手套，登山高筒运动鞋、作业长筒靴，厚实的毛绒短袜等的饰品，勾画出现代夹克家族无尽的生命力和对年轻人向往探险生活的美好图景。值得研究的是，这种颇具前卫的夹克系列组合，并没有放弃它原创时那田园、自然、粗犷的语言风格，相反，更加强烈而务实地加以渲染，而这种渲染并没有隔世之感，它很前卫但也很现实；它很传统但不陈旧。这对我们如何利用传统的服装语言，恰如其分的表现、服务于现实生活是很有启发性的（图 4-34）。

夏季夹克的组合仍能表现出这种自然主义的个性风格。休闲、远足、海滨旅游等轻松的现代生活是休闲夹克的主题，因此夏季夹克西装要搭配的轻松无束缚感，对牛仔裤、运动短裤、T恤、运动鞋等轻松的元素都不拒绝（图 4-35）。这完全不同于冬季厚重内敛的休闲生活。自由并不是以牺牲务实和品位为代价，夹克的自由境界就是从学习 THE DRESS CODE（男装规则）的必然王国到摆脱 THE DRESS CODE 的自由王国的实践过程。

图 4-35 自由空间的夏季夹克西装

第五章

西装定制

在男装高级定制中，国际主流社会庞大的贵族阶层对礼服定制有大量的需求，但随着社会的发展，以欧洲为代表所遗留的皇室贵族更多的是作为国家的历史和文化象征，如同其专属的礼服着装一样，更多的也是作为一种服饰文化符号保留在一些特定的公式化场合中。随着生活节奏的加快，礼服在着装简化的大趋势下需求量和定做量逐年衰萎，而处于礼服与休闲服过渡阶段的西装，则以其服装功效性和职场的主导性在现代男士定制市场中占有着大量的份额，作为日常生活中最广泛、最常用的国际通用服成为男士高级定制体系的核心。在分类上，根据THE DRESS CODE（经典着装规则）的时间、地点、场合（TPO）这种经典社交的规范，进一步细分为西服套装（Suit）、布雷泽西装（Blazer）、休闲西装（Jacket）。

一、绅士服定制

在国内社交界就西装而言，普遍理解为一种始自上世纪初期从西方引进的现代男士西装延续至今。在缺乏 THE DRESS CODE 的专业理论指导的情况下，虽已引入国内并三起三落的与"上流社会"相伴相生了近一个世纪，也仍未脱离自主意识和粗放型的笼统面貌，更无从谈起在高级定制中的成熟运营了。

西装三种格式与变通，虽较礼服而言变化更加自由，但是其基本形式和组合方式仍具有程式性，变化是以基本的服装术语和规则为前提。同时，正因为西服变化的多样性，适用场合的宽泛性被现代男士视为最常用的正统场合职业性着装，并享受于其程式范围内组合与变化所带来的个性化时尚的角色体验。

必须在国际着装惯例（THE DRESS CODE）的大框架下才能辨识清楚，即确定最适合定制的品种，包括礼服、西装、外套三大门类。礼服为礼仪等级最高的装束，在礼节规范和形式上，具有很强的规定性，并形成由 TPO（时间、地点、场合）条件强制性的礼服系统，包括公式化礼服、正式礼服和准礼服。西装是以公务、商务为主导的常服，由三种格式构成，强调实效性，不同于礼服，在穿用时间、地点、场合上没有严格的划分，为日常、外出、商务和公务的基本选项，亦可称作国际服。外套就其性质而言，更强调品味的生活方式。其礼仪性虽不太严格，但是从正式场合到非正式场合保留着甚至比西装更古老而传统的经典，是当今男装类别中最能够标志绅士的着装。因此，外套是绅士服定制中不可或缺的品种，在奢侈品牌中外套可谓指标性的产品（图5-1）。

将三个服装类型按绅士服定制指南要求的知识性、操作性、指导方案和案例设计成三个模块，其中西装和礼服分为7个模板：黄金组合、着装成功案例、款式指导性方案、配服指导性方案、配饰指导性方案、面料参考和实例产品展示。外套分为5个模板：组合范围、着装成功案例、款式指导性方案、面料参考和实例产品展示。本书只涉及西装中西服套装、布雷泽西装和夹克西装的定制方案与流程。

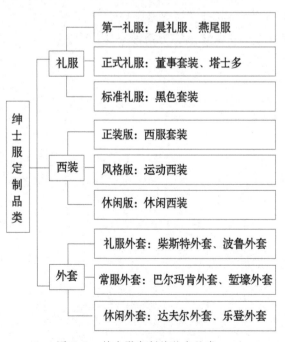

图5-1　绅士服定制的基本品类

二、"无条件搭配"定制西服套装（Suit）

　　根据男装定制受众的多寡得出西装、礼服和外套的顺序模块排列。西装模块中的西服套装又成为该模块的主体，以此作为标准模板进行规划，并对其他两个模板设计具有指导性。

　　所谓"无条件"是指在西装类型中西服套装的搭配必须符合上衣与裤子同质、同色的组合，较运动西装和休闲西装而言，在搭配准则上更为苛刻和严谨。在构成形式上，由上衣和裤子组成的为两件套，由上衣、背心、裤子组成的称三件套装。西服套装作为西装里的正装版，处于礼服向常服过渡的转折点上，这意味着与礼服相比其在服装元素的重组中将获得更多的灵活性。顾客可以更多的根据个人偏好、流行趋势以及区域性的礼仪规制定制西服套装的衣服款式、配服和配饰。值得注意的是，无论整体和局部如何改变搭配方式，西服套装在面料材质、颜色上的统一性是不变的，这就是西服套装的特定含义，否则就不能称其为"西服套装"。虽然西服套装的标志色为鼠灰色，但也不排除趋向于礼服的运用，遵守颜色越深（多用深蓝色），形式组合越整齐划一，相反越休闲颜色越浅，形式组合越自由的原则。

　　由于西服套装处于礼仪转折点上的特殊性，使其兼备了类似礼服的严谨和常服的随性自由这一对看似矛盾的着装风格。而正是这种着装风格带来了西服套装在服装元素上较全面的运用，同时也使得男装高级定制的运营流程模式在此基础上建立起来。

（一）西服套装定制中的黄金组合

　　根据着装规则（THE DRESS CODE）要求，礼服和西装类都存在最佳组合方案即黄金组合，这是为顾客提供的经典搭配，也是社交或职场中最保险的组合方案。当顾客没有特别要求的时候，黄金组合便是首选被推荐的方案。黄金组合涵盖了四个要素：标准颜色、标准面料、标准款式和标准搭配。若要穿出该类别服装最传统和最经典的搭配韵味，更改或替换黄金组合里的任何细节都需要谨慎地斟酌。为此，该模板内容提供标准色、标准面料、关键词、着装的黄金搭配和着装效果的专业咨询信息指引。

　　标准色用国际通用的潘通（PANTONE）色卡标注，潘通色卡是享誉世界的色标权威，引进潘通色卡是为了让每个模块的面料色标尽量运用国际通用语言，力求做到为定制系统的国际通用性和准确性提供权威的参考。

　　标准面料，每种服装的发展到现在，在面料的选取上虽然是丰富多变，但是追溯到每类服装的源头，它会有最传统、经典的专属面料，我们需要为顾客提供这款经典的面料作为该类服装实现高雅品质的参考。

　　关键词即该类别服装最显著的、有别于其他类别的特征表述，使顾客对该类别服装能有一个迅速、准确的整体定位，提高经典社交认识度；着装的黄金搭配是为顾客提供包括从主服的标准款式到配服、配饰的经典款式与搭配的全部信息；着装效果是将前面涵盖的所有元素以服装效果图的形式进行直观表达。

　　西服套装的黄金组合要求顾客特别关注服装效果的整体面貌和每个细节的准确表达。

西服套装作为日常装的正统装束其标准色为鼠灰色,有两件套(上衣和裤子)和三件套(上衣、背心和裤子)两种组成形式,并且采用同一西服面料。主服的标准款式为单排两粒扣门襟、平驳领、双开线夹袋盖口袋、袖口三粒扣,左胸有手巾袋。西服套装的配服和配饰相比较礼服而言,能明显感受到它的简练和实用性功能的强调,尤其是配饰简洁到只剩必需的穿用,装饰性的搭配基本省略。基于方便对国际着装惯例的解读、查询与表达,黄金组合中的关键用语配有英文,如企领衬衣(regular collar shirt)、背心(vest)、条纹领带(stripe tie)、黑色袜子(black socks)、黑色皮鞋(black shoes)等(图5-2)。

图5-2 西服套装黄金组合

（二）西服套装定制中的着装成功案例

西服套装着装成功案例模板设计是根据 TPO 原则,在主流国际社交中选择的权威成功案例。因此在顾客进行服装的定制时,实现成功的着装计划具有决定性的作用。我们不仅要知道各类服装在形制上经典的人文信息,更重要的在于会运用他们,了解每类别服装的运用场合与社交密码。这一模块将通过着装的成功案例进行解读,即怎样穿着得体的衣服出席在恰当的场合,通常情况下随着礼仪级别的升高,对 TPO(即时间、地点、场合)的要求就越严格和考究,反之则相对宽容和灵活。此模板分为两部分,左栏为适合场合,右栏为案例参考。其中适合场合按社交大类分为公式化场合、正式场合、非正式场合和休闲场合，每一类场合又进一步细分，并用填黑的方格代表此场合与该类服装的礼仪匹配度，填黑的方格数越多其礼仪匹配度越高，大体上可以根据填黑方格的数量，做出"优雅、得体、适当和禁忌"的四种判断，最成功的匹配为五个填黑方格。例如商务会议在西服套装中的匹配度为五个填黑方格，可视为最佳着装搭配；若只为三个填黑方格，如与西服套装匹配的公式化场合则说明匹配度为适当，虽不为最佳搭配但是也未沦为禁忌；若属于三个填黑方格以下，则为不适当或禁忌，不建议顾客选用，如在休闲场合穿西服套装。同时，右侧的案例参考中提供时间上最新或历史中最经典的国家首脑、政要、名流以及跨国巨企 CEO 穿着该类服装的成功案例，向顾客直观地演绎出如何穿着最恰当的着装出席在适宜场合。除了提供上层社会人士的穿着实务，在案例参考这一模块中，同样会提供一些商界人士、中产阶层人士的成功穿着案例，达到不仅仅服务于少数上层社会的目的，希望更多地服务于随着中国综合实力的发展需要走出国门，参与国际重要政治、经济和学术交流的国内精英与中产阶层。同时，案例参考的图片利用数字媒介可以不断地及时更新，为顾客提供国际社会最新的着装参考咨询，力求做到与时俱进，让案例对顾客的定制有较大的参考价值，而不是某些已进入历史的着装瞬间（图5-3）。

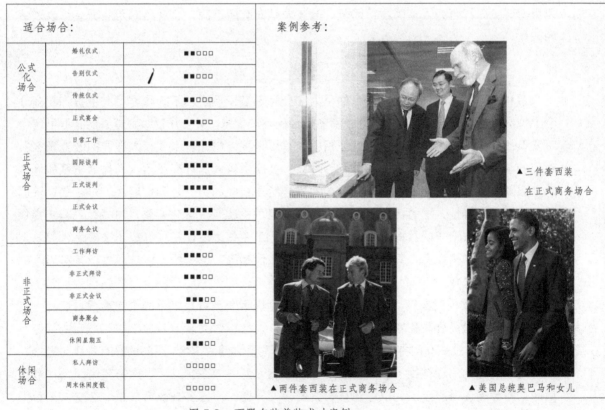

图 5-3　西服套装着装成功案例

西装处在礼服和休闲服之间，除公式化场合以外的正式或休闲场合都可以选用。西装中的西服套装则主要用于工商事务的正式场合，在日常工作、国际谈判、正式谈判、正式会议、商务会议等正式场合中，西服套装都为最佳着装选择。其中，"正式宴会"为正式场合里礼仪等级最高的场合，相比西服套装的礼仪等级偏高，因此标注三个填黑方格，属于适当范畴一般不建议顾客选用。公式化场合里西服套装虽不属于禁忌，但是礼仪匹配度已降到适当以下，一般不予采用。非正式场合里的所有场合，西服套装礼仪等级偏高，不为最佳匹配，标注三个填黑方格，同样不建议采用但不存在原则错误。休闲场合中，西服套装则可以基本视为禁忌，不提倡穿着。

西服套装一直为国家政界领导人举行正式会晤时选用的着装，在右侧案例参考中，提供了属于政界阶层里美国总统奥巴马穿着西服套装与女儿一起出席正式场合的案例。他穿着一套深蓝色上下同质的西服套装，在颜色上将标准的鼠灰色换成了深蓝色，使得西服套装更趋于礼服化，穿着出席时更显正式和庄重。除了政界，商界同样为西服套装主导的另一重要阶层，案例参考里提供了西服套装以标准三件套或两件套出席的经典案例。其中之一为国外商界人士穿着上下同质、同色的鼠灰色标准三件套出席商务活动的场景，与其出席同一商务场合的国内商界人士虽同样穿着标准三件套西服套装，背心的颜色却与上衣、裤子有些许的差异，这对于西服套装而言少了些礼仪上的严谨，从这些细节中可以体会出国内国际服装惯例素质的欠缺。另一个案例参考中，两位外国绅士同时穿着两件套的标准西服套装，同样也为上下同质、同色，但色调倾向有所不同，表现出对西服套装个性表达的智慧。

（三）西服套装定制中的款式指导性方案

提供款式指导性方案的主要目的是为在国际着装惯例提示下为顾客定制中提供更多适合个性发挥款式的选择，以满足个性和多样性的社交需求。对于礼仪级别越高的礼服而言，可变换的外在款式和内部结构相应地缩小在有限范围以内，若出现较大程度的改变那么其对应的着装场合在礼仪要求上将有所下降，也会产生较大的社交风险。而作为常服的西装对主服款式或配服搭配的变化则以开放的姿态给予更多的灵活性和宽容度。这正是设计西服套装款式指导性方案的初衷。如图5-4中左栏为主服款式变化实物，右栏为顾客还提供更多的主服款式变化的线描图。主服款式在进行了变化之后，礼仪等级也会随之调整，但主要仅在色调和搭配上，同样以填黑方格标注礼仪等级，填黑的方格越多表示其可出席的场合礼仪等级越高。

通过这样直观的比较，可以给顾客提供符合国际惯例着装体系的个性选择。在当今这个变幻莫测的时尚界隐秘着深刻的社交密码，特别是相对女装而言更传统和严谨的男装，定制中的各元素在变化时并不是想当然的通过感性思维随意组合，更多的是有规律可循的，在一定原则之内的理性操控。需要熟知每个服装元素的内在含义，当你将黄金组合打散重组时，有可能使得服装的礼仪等级从经典变为"异类"，甚至被视为禁忌。在提供了每类服装于其程式范围内的可行性变化下，能避免在国际着装惯例中出现原则性的低级错误，同时也使得顾客因个人喜好进行元素设计或重组时，有规矩可循，有依据可考，这需要有社交经验更需要做功课。

无论是西装还是礼服，既定的款式细节都会有社交取向的暗示。

图 5-4 西服套装款式指导性方案

1. 领型

按照礼仪高低排序依次为戗驳领、青果领、半戗驳领、平驳领或其他变异领型。对于戗驳领而言年代久远，营造的氛围也更为传统和庄重，因此在礼仪等级上级别最高，因此它是礼服中标志性元素。青果领原属于吸烟服的领型，主要适用于晚礼服的塔士多。平驳领源于散步服显现较休闲的风格，是西装的经典领型。通常一种服装可以通过改变它的领型来改变它的礼仪等级或着装风格，例如将西服套装的平驳领改变为戗驳领，那么整个服装的风格基调便偏向了礼服的传统与考究，有脱离西服套装本身所携带的平民气息的倾向。

2. 门襟

门襟可以为双排扣或单排扣，双排扣的礼仪等级较高，形制更为精致规整且暗含历史感。无论是单排还是双排扣，驳点（开领）的高低也影响门襟的形制与整件服装的风格倾向，一般而言驳点越高越传统，透露出怀旧的气息，驳点越低则越现代，传递出休闲随性的品格。

3. 其他细节

例如袖扣数量、衣袋款式或局部衬里面料的设计等。一般说来，袖扣越多礼仪等级越高。衣袋按照礼仪等级由高到低大致分为双开线口袋、双开线夹袋盖口袋和贴袋，此外还有暗示"竞技"的斜口袋、崇英意味的小钱袋等。局部的衬里装饰设计则更多运用于休闲西装系列等礼仪等级较低，对装饰性元素也相对包容的种类，西服套装要谨慎使用。

由此可见，在高级定制服装款式的变化中，可针对顾客在服装上的偏好或需求进行再设计，从而成功塑造各自不同的穿衣风格和性格特征。重要的是从西装到礼服有特定的语言元素，需要创造性地运用它们。

对于西服套装的款式指导性方案而言，平驳领单排扣为其标志性特征，在款式变换中一般予以保留，改变较多的是单排扣驳点的高低、口袋、袖扣的个数、开衩形式以及通过面料的选取来改变西服套装的时尚取向。根据改变后对礼仪的遵循度，同样将变化后的西服套装按礼仪等级高低排列。例如，左栏的实例之一所展示的三件套西服套装，从款式、面料、颜色上都完全符合黄金组合的定义，但是其中两款未系领带这一做法却在中规中矩中透漏着设计者的反叛个性，这是一个"甚知"者颠覆的冒险游戏，而并非无知者无畏的莽撞失态。同时，右侧提供了更多的变化款式以供顾客在挑选中作为参考。将标准款的双开线袋盖口袋转变为斜口袋可增添服装的休闲趣味。转变为双开线无袋盖口袋则带来礼服的暗示。门襟在保持单排扣的前提下，驳点也可以根据个人喜好提高或下降，纽扣数量也随之改变，与此同时还可将领子扛、垂、宽、窄的变化穿插其中，且几乎看不出它的变化，这便是西服套装的魅力所在。

作为全天候的万能套装，在时间、场合上没有苛刻的限制，所以其功能性得到了强调和发挥，形成了商务用途广泛的标志性西装。上下装同质同色是基于THE DRESS CODE不可逾越的原则，当选择深蓝色调时，更有了黑色套装的特征，作为西装里的正装版在定制的变通中较西服套装的标准形式、运动西装和休闲西装都更为严格，因为这时它已经成为事实上的礼服。

（四）西服套装定制中的配服指导性方案

在西服套装定制中，配服是一并考虑的，包括裤子、衬衫和背心。

在与配服匹配度上，用填黑方格标示，分为五个等级，填黑的方格越多表明搭配的礼仪等级越高，三个以下不建议采用此类型配服搭配。若属于单独划分出来的禁忌一栏，则表明此种搭配不符合现代国际着装惯例，不能搭配。

其中，裤子包含6种类别，分别为黑灰条相间斑马裤、双侧章裤、单侧章裤、常服西裤、翻脚裤和休闲裤，它们都有特定的搭配倾向，若有时间约定则不能混淆（图5-5）。

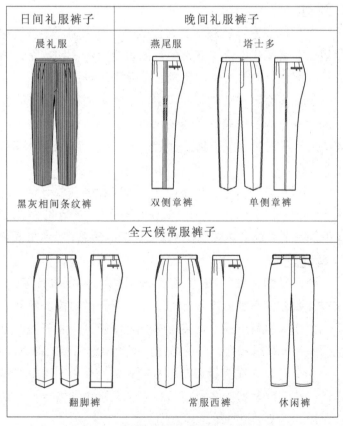

图5-5 配服指导性方案中裤子的种类构成

在与西服套装的搭配中，带有全天候性质的翻脚西裤为其最佳搭配。翻脚西裤的礼仪等级略低，但与西服套装搭配为黄金组合，匹配度比标准西裤（无翻脚）更好。黑灰条相间条纹裤、双侧章裤、单侧章裤都为礼服裤，礼仪等级过高且专属性强，因此，与西服套装搭配并不适合属于禁忌。此外就西服套装而言，休闲裤礼仪等级过低同属于禁忌范畴（图5-6）。

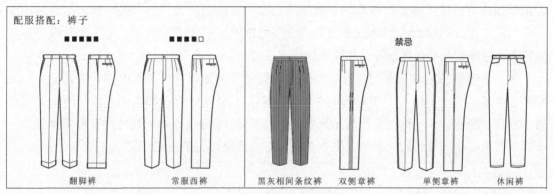

图 5-6 西服套装裤子指导性方案

衬衣有晨礼服衬衣、燕尾服衬衣、塔式多礼服衬衣、花式礼服衬衣、普通衬衣和外穿衬衣的区别，它们亦有特定的搭配倾向，使用前要考察它们的主服搭配规则（图5-7）。

普通衬衣同西服套装的性质一样，都处于礼服向休闲服的转折点上，礼仪等级及全天候时间属性同西服套装一致，因此为其最佳搭配。礼服衬衫在运用时虽更为严谨和苛刻，但日间礼服和夜间礼服又因时间上的不同，在搭配中的灵活性和匹配度上显现出细微的差别，这些差别正是作为判断时间礼服的重要依据。日间礼服相对于夜间礼服，在时间上的兼容度更高，适用范围更广。例如虽然晨礼服衬衫礼仪等级相对西服套装略高，但其日间性使得与全天候无时间限制的西服套装搭配时不属于禁忌，属于标注三个填黑方格的得体范畴。而燕尾服衬衫则不能与西服套装搭配，因为夜间礼服的元素在运用中专属性更强，灵活性较弱。此外，在与西服套装搭配时，外穿衬衣因时间上与西服套装一致属于全天候衬衣，虽礼仪等级较

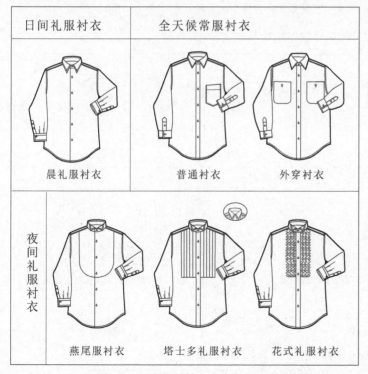

图 5-7 配服指导性方案中衬衫的种类构成

低不建议采用但也不属于禁忌。余下的夜间礼服衬衫因专属性都很强，属于禁忌范畴。由此可见，时间强制性在西装搭配中仍然为其重要的搭配准则（图5-8）。

相比较裤子和衬衫，基于不同社交倾向的背心种类最多，包括晨礼服背心系列、燕尾服背心系列、董事套装背心系列、塔式多背心系列和休闲背心系列。此外，还有专为塔式多礼服搭配的卡玛绉饰带，它是一种将背心简化成系在腰间的饰带，成为与夜间礼服搭配时更轻便的背心替代物，这与产生于夏季晚礼服的"梅斯"有关。卡玛绉饰带又分为，纯黑卡玛绉饰带、简化版卡玛绉饰带和花式卡玛绉饰带，它除了只适用于塔士多礼服以外，黑色卡玛绉饰带的礼仪等级要高于花式的（图5-9）。

背心在与西服套装搭配时，相同颜色、相同材质为划定背心匹配度的首要指标，那么除西服套装的标准背心外，调和背心（休闲背心）、晨礼服背心都属于可用范畴。而调和背心较晨礼服背心在风格上更趋近于西服套装的舒适休闲韵味，搭配晨礼服背心更加复古。夜间礼服背心在礼仪和时间属性上要求苛刻难以与西服套装匹配属于禁忌（图5-10）。

图5-8　西服套装衬衣指导性方案

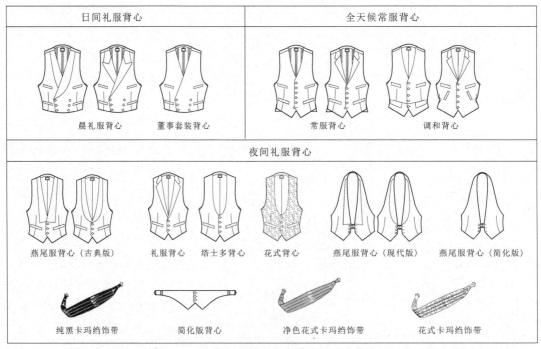

图5-9　配服指导性方案中背心的种类构成

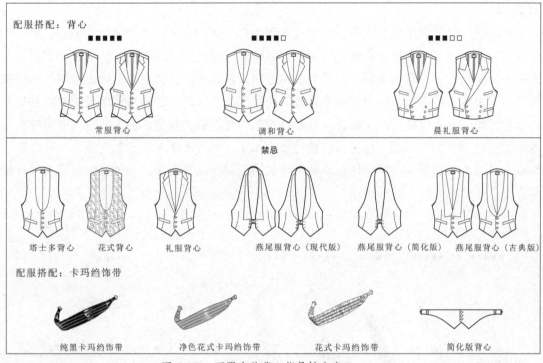

图 5-10　西服套装背心指导性方案

（五）西服套装定制中的配饰指导性方案

　　绅士服的低调、内敛，含蓄中浸透着深刻的历史感与高贵，配饰起着至关重要的作用。男装的配饰种类繁多，在颜色的绚丽和纹样的丰富性上显出了更高的包容度，但"规则"也使它不能越雷池一步，这要牢记弦要始终。若有逛过高级男装定制店的经历，想必对那些满目琳琅的袖扣、链扣，颜色花式异常丰富的领带、领结、饰巾记忆犹新。面对如此多元化的时尚元素，配饰的多样性也迎合了年轻绅士们彰显个性时尚的心理需求，然而，它们都有各自的归宿，低调的奢华则是考验着初道者对追求精致品位生活的智慧。

　　全类型服装的配饰大体分为 6 种，分别为领带、领结、帽子、装饰巾、袜子和鞋。

1. 领带

　　领带主要用于日间礼服和全天候着装中，按礼仪级别从高到低为阿斯克领巾、灰色领带、黑色领带（告别仪式）、几何条纹领带、规则花式领带和不规则花式领带。在领带纹样的定制选择中，花纹越含蓄内敛，礼仪级别就越高。与西服套装搭配时正式中略显休闲的条纹领带属于黄金搭配，晨礼服惯用的灰色领带礼仪等级最高匹配度并不是最佳，或视为设计搭配，标注四个填黑方格。属于休闲性质的规则或不规则花纹领带与西服套装搭配，礼仪等级略低匹配度有所下降。此外，晨礼服传统的阿斯克领巾，因其礼仪等级过高，专属性太强，和西服套装搭配属于禁忌之列不推荐。

2. 领结

　　与领带时间性上对应的晚间礼服领饰——领结，细分为白色净色领结、白色花式领结、黑色方形领结和黑色尖头领结。因领结都是与晚间礼服搭配，在礼仪等级和时间专属性上与西服套装不匹配，属于禁忌范畴。

3. 帽子

帽子基本属于象征意义大于实际意义的附属品，因此它的社交密码更加纯粹和专一，这就要求定制中没有十足的把握，宁可放弃。按照礼仪级别从高到低排列依次为大礼帽、圆顶帽、软呢帽、巴拿马草帽（夏季）、鸭舌帽、棒球帽。全天候带有休闲韵味的软呢帽为西服套装的最佳搭配；鸭舌帽略为休闲，礼仪匹配度下降；巴拿马草帽虽不为禁忌但所具备的夏季塔式多专属性，使其礼仪匹配度过低不建议顾客佩戴。而大礼帽和圆顶帽礼仪等级过高分别为第一礼服（燕尾服、晨礼服）和正式礼服（塔式多、黑色套装）的专配，也成为西服套装的禁品。属于休闲运动场合的棒球帽与处于正装版的西服套装组合同样是禁忌（图 5-11）。

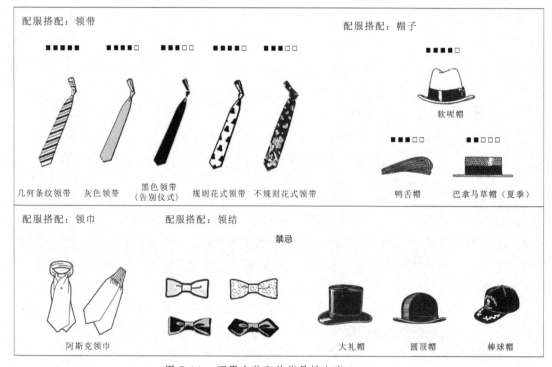

图 5-11　西服套装配饰指导性方案 1

4. 装饰巾

装饰巾表达的是绅士务实主义的美学，它在胸袋中可以折叠成几种形式，即平行巾、三角巾、两山巾、三山巾、圆形巾和自然巾。这几种折叠方式没有特定场合和特殊意义的暗示，在社交中，只需要因个人喜好和风格进行自由选择。装饰巾的花色分为四种，白色装饰巾、净色装饰巾、条纹装饰巾和花式装饰巾。其纹样的礼仪级别顺序类似领带纹样，秉承白色礼仪级别最高，纹样越低调含蓄礼仪级别越高的原则。与西服套装搭配时，正式中略带休闲的净色装饰巾为其最佳搭配；与礼服搭配较多的白色装饰巾因过于正式而略显拘谨，匹配度下降标注四个填黑方格；条纹装饰巾附带休闲韵味等级略低，匹配度同白色装饰巾一致；花式装饰巾则因休闲韵味过浓，标注三个填黑方格属于适当搭配。此外，一个值得注意的有趣现象是，随着时尚对多变性的炙热追寻，配饰作为男性着装中的局部点缀，在低调内敛中却异常丰富起来。例如，查尔斯王子在威廉王子大婚的两次晚宴中，穿着正式夜间礼服却放弃了传统的白色装饰巾，佩戴了有色花纹的装饰巾（图 5-12）。由此可见，这是一个从礼服配饰的严谨性走向越发宽容的时代，正式晚间礼服尚且如此，更何况是西装的配饰。

图 5-12　查尔斯王子的装饰巾搭配

5. 袜子和鞋

袜子是最容易被忽略的，也最能反映男士的着装修养，了解它的社交规则并不过分。袜子的礼仪级别从高到低分别为黑色袜子、深色袜子、浅色袜子、花式袜子和白色袜子。不同于装饰巾的颜色，在袜子中以黑色袜子为礼仪最高级别，白色袜子为礼仪级别最低。在高级定制中，白色袜子是要敬而远之的，哪怕与常服中礼仪等级最低的休闲西装搭配，其匹配度也只有一个填黑方格，除非对服装有极其另类设计的要求，一般不建议顾客在定制中采用白色袜子。对于袜子的颜色越深礼仪级别越高的原因，也许是当白色袜子出现在深色裤子与黑色皮鞋之间时，颜色上过于突兀，不同于装饰巾只露出一小部分，白色的跳跃打破了整套男装由上而下衔接的流畅，有悖于绅士低调、含蓄、内敛的着装风格。因为这一点的坚持，致使礼服类服装同西服套装在袜子上的搭配顺序和匹配度完全一致。搭配顺序统一为黑色袜子属于最佳搭配，深色袜子为中性，浅色袜子虽不为禁忌但礼仪匹配度不高，不建议穿着。除此之外的花式袜子和白色袜子属于禁忌。鞋分为 4 个种类，分别为黑色牛津鞋、黑色漆皮鞋、休闲鞋和旅游鞋。因西服套装为西装中的礼服，所以在礼仪划分上不属于休闲类着装，其最匹配的鞋饰同日间礼服一致为黑色牛津鞋，休闲皮鞋虽不为禁忌但其休闲的特性使其匹配度为"适当"，一般不建议选用。黑色漆皮鞋为夜间礼服的标准搭配，时间属性上不符，与礼仪等级过低的旅游鞋同属禁忌（图 5-13）。

（六）西服套装定制中的面料参考

在整个定制过程中选定主服、配服的基本款式后，为了给顾客在服装质感上的快速直观感受，提供真实的面料参考是重要的环节。面料样板由合作商提供，同时标注编码以便于在定制过程中准确无误，并成为顾客档案的重要信息。从种类介绍到主服款式的选定，配服、配饰的搭配到最后面料确定的整个过程完整连贯，这是为顾客提供"定制高雅生活方式"的享受过程，并要强调定制者和被定制者共同完成。

面料参考包含主服和配服两部分，西服套装必须提供上衣、裤子、背心三部分同一种面料参考。模板左栏为外观图，右栏为与之相匹配的四种典型面料，并且将面料按礼仪等级从上往下依次降低。左栏外观图提供三件套西装，根据需要也可以选择两件套（图 5-14）。

西服套装的面料参考分为两个版本，第一版本为礼仪等级略高的深色系秋冬季厚型面料，含蓄的条纹为西服套装面料的标志性特征，从上往下为深色精纺面料、深色暗条纹面料、亮色细条纹面料和明条纹面料。第二个版本中面料为礼仪等级略低的春夏季薄型面料，分别为浅色条纹面料和细格子面料，这两个类别的面料都含有休闲的属性。由此可见，只

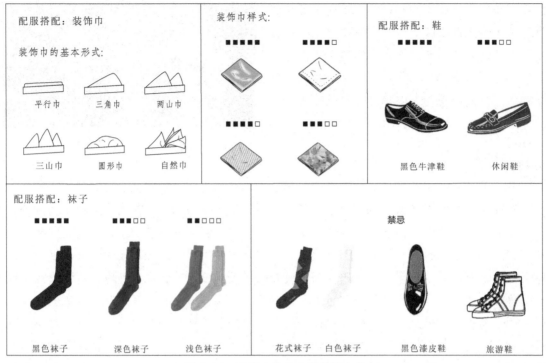

图 5-13　西服套装配饰指导性方案 2

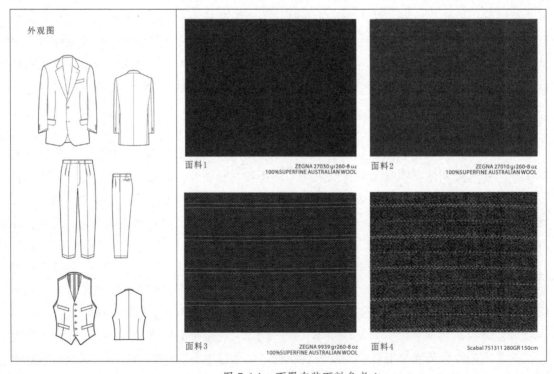

图 5-14　西服套装面料参考 1

改变服装的面料是变换服装风格的另一有效途径，当然这需要专业人士提供更多有关灵活运用男装规则的建议和咨询（图5-15）。

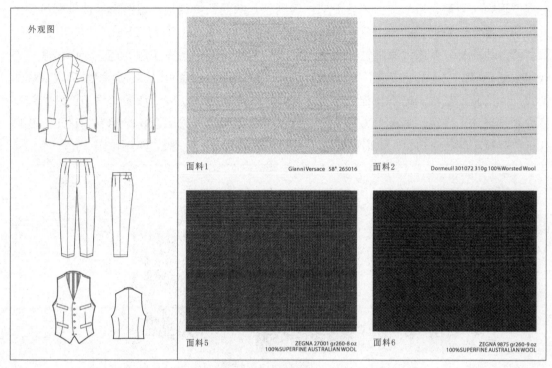

图5-15 西服套装面料参考2

（七）西服套装定制中的产品实例

这一模块是在植入了国际着装惯例体系的前提下，在定制中所完成的产品展示。将国际著名品牌的经典案例和国内有资质的定制产品实例融入到一个平台中，形成直观的对比，使定制机构和顾客较容易找到与国际定制业的差异和风格取向；同时也使得消费者在充满国际化规则的氛围中，消除对国内定制产品不够国际化及缺乏精致考究等方面的顾虑。

恒龙是我国唯一与英国萨维尔街百年定制店亨利普尔合作的男装定制企业，定制产品在国际着装惯例体系的指引下有很好的专业表现产品，以标准款式、面料为基础，按照礼仪由高到低，风格由古典到时尚开发了一系列西服套装的样品。导入THE DRESS CODE的精致工艺和国际化运作是一大特点（图5-16）。

西服套装可以说是男士商务、公务定制的入门级产品，其作为西装中的礼服，在日趋随性休闲化的时代，成为正式场合中的必备着装。这也就意味着除了上层社会专属的公式化场合，西服套装在正式和非正式场合成为最保险的装备。特别是在我国社交界处于"拿来主义"的状况下，从先秦两汉到唐宋明清传统上的穿着习惯的延续已经没有指望了，现代定制产品由于缺乏国际规则的指导仍未摆脱粗放型的市场理解和运作，因此，在国内西服套装无论是成衣，还是定制产品可以说是万能制服。对于首次进行高级定制者，西服套装可作为必备装束推荐，因为无论是正式场合还是非正式场合，它在社交中使用频率最高，风险最小。

　　需要强调的是，无论政界、商界还是艺术界，西服套装都是出席准正式场合的首选装束。只是对于不同的职业类型，在服装风格的倾向上会有个性化的需求。如政界会更加严谨、商界严谨中可以略带奢华或休闲，而艺术界则因其职业的特殊性，传统形制的限制将会大大削弱想象和创造力，增添个性化装饰是他们通行的作法，但 THE DRESS CODE 是评价服装修养的指标。基本的原则性约束仍需要国内高级定制机构去了解并遵守，因为我们在现阶段还玩不起"无知者无畏"的游戏，需要完成初期的全盘引进、原始积累实现从模仿到逐渐本土化的过程。若需要强调个性的宣扬，下面通过认识运动西装和休闲西装的规则将会获得灵动、丰富、彰显个性的方案，但并不会因此失去优雅而恰恰相反。这正是我们在培养高级定制产业初始，要牢牢握住 THE DRESS CODE 这把上方宝剑的原因。

图 5-16　定制品牌西服套装产品

三、　"有条件搭配"定制布雷泽西装（Blazer）

　　所谓"有条件搭配"是指运动西装可以在一定的"约定"范围内变化，不同于西服套装必须保持上下完全一致的无条件选择。所谓约定就是上深下浅的搭配，金属纽扣作为运动西装的标志性特征也属于有条件搭配所必须满足的条件之一。根据国际着装惯例，运动西装能通过其配服、配饰的灵活搭配，形成上至礼服下到娱乐休闲服的全线职场产品。在国际社会它已成为与西服套装地位等同，且不能被替代的个性职业化西装。布雷泽（Blazer）作为职业西装的标准语，其触角已延伸到女职业装领域，对整个现代时装界形成了全方面深远的影响。因此，丰富且标准的搭配变化使得运动西装作为服装经典类型中的一道"特色菜"被现代绅士和职场人士所津津乐道。

（一）运动西装定制中的黄金组合、着装成功案例和款式指导性方案

1. 运动西装定制的黄金组合

运动西装按照国际社交习惯称为布雷泽，上衣的标准面料为藏蓝色法兰绒，与卡其色裤子搭配形成国际通用格式，有休闲品格的暗示，与灰色西裤搭配表明已经可以和西服套装比肩，与细条格子西裤搭配是它的不列颠风格，总之上深下浅的搭配模式是运动西装基于国际着装惯例的原则。保持优雅还要恪守它的细节这是定制运动西装比作的功课。主服细节上的明显特征是：左前胸贴口袋（或船型挖袋），腰下左右有袋盖的明帖袋是运动西装向休闲西装过渡的重要标记，明线为其工艺的基本特征；夹袋盖贴袋为运动西装两侧下摆处的标准口袋形制，又称复合型帖口袋，这是它的标志性元素；金属扣，增加了运动所特有的韵味；徽章，是运动西装表达俱乐部所持有的社团性标识，其设计和配置都很考究，是和运动西装一并考虑的定制产品。由此可见，较西服套装而言布雷泽具有更丰富的搭配选择与讲究的细节设计，更能在定制中表现休闲的优雅，重要的是为降低风险，要从黄金搭配开始。

运动西装主服及配服的黄金搭配为单排三粒扣平驳领贴口袋西服上衣（blazer）配苏格兰格子西裤（Scotland plaid trousers）或灰色西裤。配服是格子衬衣（plaid shirt），配饰由于其社团性所特有标识物，徽章（emblem）和金属纽扣（布雷泽西装 metal button）为定制产品，俱乐部领带（club tie）、运动袜（sport socks）、休闲皮鞋（loafers）是运动西装最具本色的选择（图5-17）。

布雷泽（Blazer）　　苏格兰格裤（Scotland plaid trousers）

格子衬衫（Plaid shirt）　徽章（Emblem）　布雷泽金属纽扣（Blazer metal button）

俱乐部领带（Club tie）　运动袜（Sport socks）　休闲鞋（Loafers）

标准色
PANTONE 274C
PANTONE 468C

标准面料

关键词
•法兰绒
•苏格兰格呢
•贴口袋
•夹袋盖贴袋
•上深下浅
•金属扣
•徽章

图 5-17　运动西装黄金组合

2. 运动西装着装的成功案例

　　由于运动西装标准版强调运动精神与休闲风格，因此其最佳出席场合为非正式，包括工作访问、非正式访问、非正式会议、商务聚会、休闲星期五。在正式场合中它虽不是最佳方案，但仍可作为风格化的着装。运动西装虽然有休闲的暗示，但是它不能归为完全的休闲服装，它更强调的是一种内在的运动品质和英国血统，在休闲场合一般不建议穿着运动西装的正装版（以系领带为准），但它的休闲版（配卡其休闲裤不系领带）则是正当防卫，所以它拥有三个填黑方格（图5-18）。

适合场合：			案例参考：
公式化场合	婚礼仪式	□□□□□	▲Giovanni Panerai全球 CEO穿着布雷泽
	告别仪式	□□□□□	
	传统仪式	□□□□□	
正式场合	正式宴会	■■■□□	
	日常工作	■■■■□	
	国际谈判	■■■■□	
	正式谈判	■■■■□	
	正式会议	■■■■□	
	商务会议	■■■■□	
非正式场合	工作拜访	■■■■■	
	非正式拜访	■■■■■	
	非正式会议	■■■■■	
	商务聚会	■■■■■	
	休闲星期五	■■■■■	
休闲场合	私人拜访	■■■□□	▲ 拉夫·劳伦穿着Blazer
	周末休闲度假	■■■□□	

图5-18　运动西装着装成功案例

　　在公式化场合中，运动西服则可以通过配服与配饰的转换完成礼仪上的升级，黄金搭配是最好的选择，但是休闲版的运动西装在公式化场合中属于禁忌。随着现代着装礼仪的休闲化趋势，运动西装被推到了礼服和常服的过渡点上，在元素选择上具有历史感和"英范"品格，在社交中大有礼仪等级上升的趋势。在模板案例参考中提供了商界和演艺界的实例（图5-18）。美国服装设计师拉夫·劳伦穿着的运动西装为更显传统特质的双排六粒扣戗驳领水手版，低驳点的设计则在传统韵味里传递着时尚休闲的气息，上深下浅的强度对比搭配，表现出国际大牌设计师恪守国际着装惯例的创造智慧。而另一位商界CEO虽同样穿着双排六粒扣的水手版运动西装，但是与拉夫·劳伦相比，驳点上升到标准位置所显现的中规中矩则暗示和强调了商界精英的理性智慧。

　　由此可见，服装任何一个细节的修改，都有可能左右整件服装的风格倾向，彰显穿着者的个人喜好，甚至确立个人的社交形象。此模板能根据消费者的目的和喜好提供多种符合国际着装惯例的可行性方案，也是基于这些考虑。

3. 运动西装着装的指导性方案

在运动西装主款式定制的变化中，主要在两种标准格式中进行的，这两种标准格式分别为单门襟三粒扣和水手版的双门襟四粒扣。水手版不轻易改变的是双排扣和戗驳领，驳点高低、口袋的形制以及袖扣的个数则可以随顾客的个人喜好进行调整，袖扣建议在两粒到四粒扣之间选择。单排扣平驳领运动西装可选择两粒或三粒门襟扣。金属纽扣作为运动西装最高辨识度的特征不能被更改或替换，夏季惯用贝扣与夏季面料配合。

由于运动西装处于礼服到休闲服的过度之间，通过元素上的重组可提升至礼服，下游可降至休闲服。这种礼仪等级上宽泛的兼容度使得运动西装的诸多变化在不同的场合里游刃有余魅力无穷（图 5-19）。

图 5-19　运动西装款式指导性方案

（二）运动西装定制中的配服指导性方案

1. 金属扣

保持金属扣这个布雷泽的标志性元素不变，分别借鉴礼服、西服套装、休闲西装的元素和搭配方式，使得布雷泽衍生出可以出席正式、商务、公务或者运动休闲等不同场合的多种方案，被社交界称为"万能先生"，而成为男士最值得拥有的一类服装。在国内它虽然没有西服套装如此的普及和认知度，但在发达国家却是绅士们广泛拥有而考究装束。由于布雷泽不拒绝所有礼服级搭配的公式，礼服在时间上的强制性使得运动西装同全天候礼服黑色套装的搭配一样，通过与各自的礼服元素搭配产生全天候、日间和晚间的运动版礼服方案。

2. 裤子

　　属于全天候的裤子有休闲裤、翻脚西裤和常服西裤：休闲裤为休闲组合，翻脚西裤为运动西装的最佳搭配，而常服西裤对于标准版运动西装而言礼仪等级较高匹配度下降，但可以理解为运动西装的正装版组合。作为礼服时，运动西装虽然可以通过配服搭配的改变与标准礼服平起平坐，但是仍不能作为礼服最经典和标准的方案，只能理解为有运动风格倾向的礼服。作为礼服穿用时搭配的技巧：若时间段为日间，则搭配黑灰条相间条纹裤标注三个填黑方格；若时间段为夜间，则搭配单侧章裤或双侧章裤，单侧章裤礼仪匹配度略高标注四个填黑方格，双侧章裤因其本身礼仪等级过高使得匹配度下降标注为三个填黑方格（图5-20）。

3. 衬衣

　　无时间限制的普通衬衣、外穿衬衣都属于全天候的常规组合，普通衬衣为最佳搭配，外穿衬衣属于单件使用的衬衫，一般不建议运动西服作为正装版搭配的衬衫。礼仪等级升级时，会产生日间和夜间的区别，日间时段搭配晨礼服衬衣，晚间时段搭配塔士多和燕尾服衬衣。值得注意的是在运动西装的衬衫类别里T恤衫并不是禁忌，只是作为礼仪匹配度较低的搭配，但作为运动西装配服里的特殊类别，它的加入使得运动西服成了地地道道的休闲娱乐风尚，其实这才真正回到了它历史本真的面貌，因此布雷泽这样的搭配在社交界一直被视为"优雅休闲"的范式。

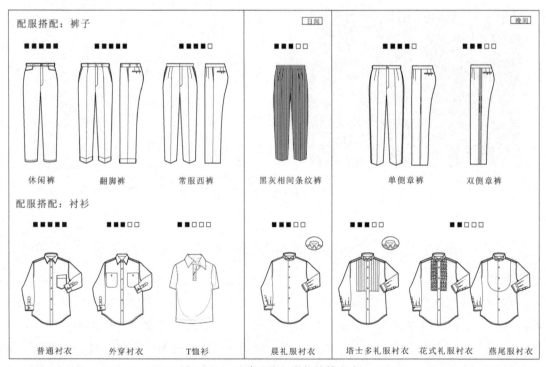

图 5-20　运动西装配服指导性方案

4.背心

背心的搭配对于布雷泽来说是可有可无的，然而一旦选择了它也有密码可解。全天候服的选择，调和背心为运动西装的最佳搭配，常服背心的休闲趣味略低一些，和运动西装匹配为四个填黑方格，正式礼服背心也可选择，但在全天候时段里，礼仪匹配度较低不建议选用。然而，升级搭配背心便成为必需品，按照日间和夜间礼服的搭配要求选择各自的背心并适用各自的日间和晚间正式场合。需要对年轻绅士们提醒的是，根据布雷泽的运动休闲特质，背心礼仪等级越高与其匹配度反而越低（图5-21）。因此选择正式礼服时不要纠缠在运动西装中，也不要指望西服套装，因为经典社交有一整套国际着装规则钦定的礼服系统（参阅第2章）。

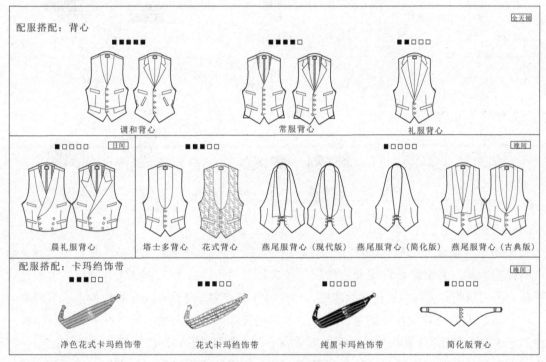

图 5-21　运动西装背心指导性方案

（三）运动西装定制中的配饰指导性方案

在领带的搭配中，依据休闲准则，俱乐部领带和条纹领带为运动西装的最佳领饰为五个填黑方格。礼仪等级较高的灰色领带匹配度为四个填黑方格，日间礼仪等级最高的阿斯克领巾与运动西装搭配为标准的日间升级版，标注四个填黑方格。如前面案例参考中，张国荣的装束即示范了这种典型搭配，显示了运动西装的高度兼容性，但扎法上与日间礼服不同，阿斯克领巾与布雷泽搭配时，要在衬衣领的里边直接打结于颈上，而日间礼服刚好相反。不规则花式领带虽同为休闲领带但其本身礼仪等级相比运动西装而言更显"草根"，不建议搭配。

在领结的选择中也没有禁忌，领结种类有高低的区分，相对低的花式领结与运动西装搭配，礼仪匹配度有上升趋势，且适用于晚间的非正式聚会。

　　运动西装帽子的最佳搭配为休闲帽饰，首选鸭舌帽，其次为软呢帽，夏季用巴拿马草帽，最低组合为棒球帽（图5-22）。

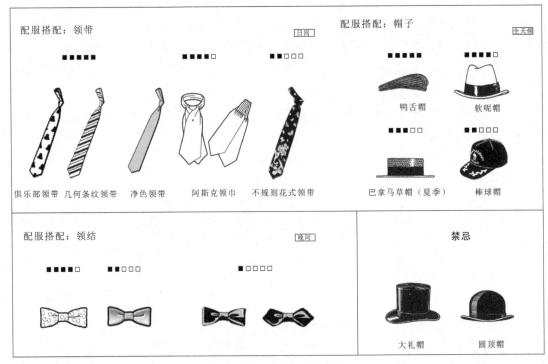

图 5-22　运动西装的配饰指导性方案 1

　　装饰巾的搭配与西服套装所不同的是，一直处于礼仪等级最低的花式装饰巾，因其蕴含的休闲韵味，为运动西装的最佳搭配。其次依次为条纹、净色和白色装饰巾，也就是说和运动西装搭配，装饰巾礼仪等级越低，休闲暗示越强烈，与运动西装礼仪的匹配度越高。

　　在运动西装之前的所有西装、礼服袜子的搭配顺序是固定的，黑色袜子为最佳搭配。但对于运动西装而言，休闲韵味十足的花式袜子成为最佳搭配。其次为深色袜子、浅色袜子，而之前礼仪匹配度一直最高的黑色袜子与运动西装搭配变成三个填黑方格，可以视为运动西装的礼服搭配方案。白色袜子仍因其颜色过浅，不符合绅士着装的含蓄内敛宗旨为最低匹配度的搭配。

　　在鞋的搭配中，由于运动西装在时间上的灵活性与兼容性，休闲鞋、黑色牛津鞋和黑色漆皮鞋可根据时间上的不同属性分别运用于全天候、日间和夜间相对正式的场合。但其最佳搭配仍为无时间限制的全天候休闲鞋，旅游鞋礼仪等级过低不建议使用（图5-23）。

（四）运动西装定制中的面料参考

　　运动西装上衣的经典面料包括，藏蓝色法兰绒，各种休闲风格的深格或条纹面料。在选用休闲面料时必须遵守运动西装上深下浅的原则，并且根据运动西装"优雅休闲"的品格精神，选择纹理含蓄的经典面料，这一点国际著名的面料开发商一定是有所提示的，因此，选择国际品牌的面料作为定制来讲是明智的（图5-24）。

　　运动西装的裤子面料分为两个版本，一种为轻薄的精纺面料，另一种为厚重的粗纺面料。

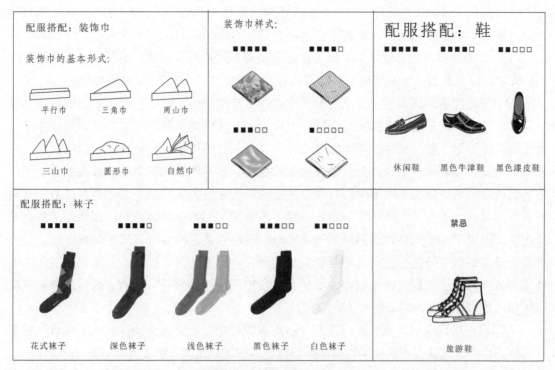

图 5-23　运动西装的配饰指导性方案 2

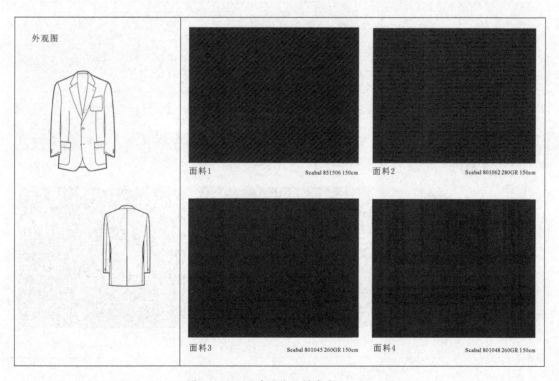

图 5-24　运动西装面料参考

其中轻薄面料又分为浅色棉麻质面料和色织面料（英格兰风格）（图5-25）。厚重面料包含国际版运动西装所特有的卡其色棉华达呢和灯芯绒面料，以及更为厚重的格纹面料（图5-26）。在面料参考这一模块里将努力圈尽每类面料的风格、品味，给顾客提供最权威有效的参考。以此从运动西装面料定制选择的实践中感受到"万能先生"的特殊魅力。

如果说西服套装是年轻绅士定制服装中入门级产品的话，那么同属于常服的运动西装的加入，可以说是开始注意品味绅士细节的体验，以其更为多变和考究的服饰风格服务于整个现代男士职业着装生活。与西服套装相比较，从其适用场合向休闲氛围的转移，便可以体会出运动西装内在的对大自然愉快精神的投注。它不同于出席对礼仪着装要求过于严格的公式化场合，且也不同于休闲场合自由随性的无顾虑自我释放，运动西装适宜于这种严谨中的灵动，考究中的适度休闲职场享受，既消除了如西服套装那般严谨所渲染的正式严肃，又避免了过于随性休闲而显得不够优雅。运动西装这种介于正式和休闲之间，场合丰富而细腻的服装秉性，使得运动西装在服装语言表达上充满了智慧，这种深层次的内在感情上的微妙传递被现代绅士们视为更加考究和值得投资的装备，因为它彰显的尊贵气质和优雅品质是任何投入都不能给予的回报。

若顾客已经定制过西服套装，还想在私房衣橱里增添更显绅士韵味的服饰种类，或者在出席场合中希望通过搭配变换以满足更加宽泛的职场表现力，那么语言丰富，形制考究，英范十足且更具备时尚因素的运动西装则可以大力推荐。

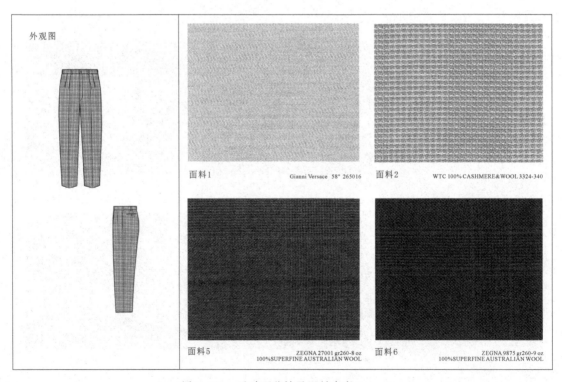

图 5-25　运动西装裤子面料参考 1

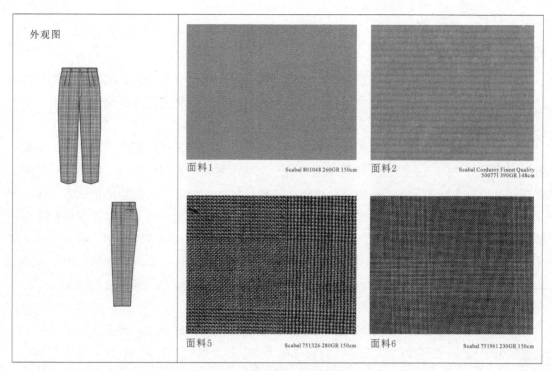

图 5-26　运动西装裤子面料参考 2

四、"自由搭配"定制休闲西装（Jacket）

在西装中出现夹克一词，就是我们理解的休闲西装，它与西服套装的无条件搭配、运动西装的有条件搭配的最大不同就是自由搭配。所谓自由搭配就是在搭配上不再局限于西服套装上下同质同色的无条件组合或者运动西装上深下浅的有条件组合，而是可以上深下浅或上浅下深且材质亦不相同的自由组合。休闲西装也称调和西装或夹克西装，在西装中搭配最灵活最不受条件限制，原始形制可以说是包括西服套装、运动西装等所有西装的原型，而今天它却成为西装的便装版。在形式上，虽自由灵活，但也不是无章可循，需要上下着装在颜色和风格上形成对立的统一，此特征所表现的细节语言仍为国际着装惯例所钦定。休闲西装中差异性的强调，即是对"搭配"的强调，失去了搭配也就表示丧失了休闲西装的特质。因此，在社交界休闲西装有"调和套装"的说法，"混搭"的时装概念也由此而来。高级成衣和高级定制店不会提供成套出售的休闲西装也是基于国际着装惯例所规定的自由搭配原则，并且这一准则还可以反过来衡量一个高级定制店是否成熟、达到国际化水准的判断依据。

在今天日趋提倡舒适和追求功能化着装至上的服装潮流里，调和西装也扮演着越来越重要的角色，在这个职业更多元化，精神世界更丰富的现代社会里，循规蹈矩变成了我行我素，其实质是实现了实用主义下的设计丰富性，更贴近现代人的一种价值观和生活方式，甚至成为了评判一个男人成功形象的标志。而处于现代快节奏社会里的人们，对回归大自然的渴求，对运动休闲的日益热崇，为休闲西装提供了一个越发广阔的发展空间，也推动着它成为绅士服的朝阳产品，在绅士服中也大有取代西服套装之势。

（一）休闲西装定制中的黄金组合、着装成功案例和款式指导性方案

由于休闲西装的礼仪等级在西装中最低，组合的自由变化也最大，黄金组合的包容性也进一步扩展，休闲西装的黄金组合模块是根据国际着装惯例搭配准则提供的标准组合的典型，也就是说这种黄金组合不是唯一的标准，只是一个范本。

经典的苏格兰格纹上衣搭配深色的裤子，上浅下深拉开了在搭配上的对比度，这是休闲西装惯用的手法。主服的款式细节也不同于运动西装的复合式贴口袋，采用无袋盖贴口袋，前身的三个贴袋形制相同，只是胸前贴袋的尺寸略小。冬季的粗纺毛料适合皮扣，皮革编制纽扣是为了营造休闲西装的户外风格，它暗示着源于猎装夹克文化的特殊配饰。主服及配服的黄金搭配（图5-27）为单排三粒扣平驳领贴口袋上衣（Jacket）配深色休闲裤（dark casual trousers）。配服有标准企领衬衣（regular collar shirt）或格子衬衣（plaid shirt）。配饰有俱乐部领带（club tie）、运动袜（sport socks）、运动鞋（sport shoes）和休闲鞋（loafers）。

休闲西装在搭配上的灵活性是所有西装类别里最高的，这也就决定了它所能适宜的场合礼仪要求最低，主要用在非正式场合和休闲场合，五个填黑方格说明这是最佳匹配场合，在正式场合中均为三个填黑方格，不建议穿着出席。公式化场合，休闲西装属于禁忌，说明"夹克"带有对休闲场合专属性的意味（图5-28）。

出席场合的局限并不意味着休闲西装地位的地下，在政界首脑的非正式会晤中，休闲西装为高频率出席的着装。图5-28中，前美国总统布什和俄罗斯总理普京的会晤，布什

标准色

PANTONE 465C

PANTONE DS Process Black C

标准面料

关键词

• 贴口袋
• 苏格兰格呢
• 皮革编造纽扣

夹克（Jacket）　　休闲裤（Casual trousers）

企领衬衣（Regular collar shirt）　格子衬衫（Plaid shirt）　俱乐部领带（Club tie）

运动袜（Sport socks）　运动鞋（Sport shoes）　休闲鞋（Loafers）

图5-27　休闲西装黄金组合

适合场合：			
公式化场合	婚礼仪式	□□□□□	
	告别仪式	□□□□□	
	传统仪式	□□□□□	
正式场合	正式宴会	■■□□□	
	日常工作	■■□□□	
	国际谈判	■■□□□	
	正式谈判	■■□□□	
	正式会议	■■□□□	
	商务会议	■■□□□	
非正式场合	工作拜访	■■■■□	
	非正式拜访	■■■■□	
	非正式会议	■■■■□	
	商务聚会	■■■■□	
	休闲星期五	■■■■□	
休闲场合	私人拜访	■■■■■	
	周末休闲度假	■■■■■	

案例参考：

▲ 布什和普京的非正式会晤

▲ 商务人士在非正式场合

▲ 商务人士在非正式场合

图 5-28　休闲西装的着装成功案例

穿着休闲西装且未系领带休闲味十足，普京则穿着宽松版的森林夹克与之相呼应。布什的西装不系领带上下混搭说明这是非正式会见。休闲西装也有搭配领带和背心的正式版，案例参考中所列举的商务人士穿着正式版的休闲西装，里面搭配牧师衬衣，扎条纹领带整体上营造了一种休闲商务风格，同时在形制上符合休闲西装上浅下深的混搭准则。案例参考中另一格式列举了商务人士休闲西装的运动风貌，他选择了上深下浅与前例刚好相反的搭配，这提醒着我们，"他在追求运动品格的休闲西装"，表现出年轻绅士足够的服装修养。可见调和西装虽为休闲着装，但是其作为经典西装类别，仍时时遵守着国际着装准则这一沿承了上百年的现代着装规制体系，这是绅士不可或缺的功课。

　　由于休闲西装的变化最为自由灵活，所以其可接受的变化范围也最为宽泛。从面料的颜色和材质、整体造型上的修身或宽松、肩部的线条设计、三个贴口袋的造型、驳点的高低以及衣服领口或局部的装饰因素都可以根据个人爱好进行设计。款式改变时需要注意的是，尽量保留门襟的单排扣与平驳领的造型，因为这是休闲西装最为显著的特征。

（二）休闲西装定制中的配服指导性方案

　　休闲西装在配服搭配的选择上为西服装中最随性的，不过在满足于人们日益丰富的精神世界时，仍然要固守着国际着装准则，因为只有它还保持着最纯粹和权威的绅士密码。

　　裤子的搭配，休闲裤同为运动西装和休闲西装的最佳搭配。常服西裤和翻脚西裤分别标注四个填黑方格和三个填黑方格，这可视为休闲西装的正装版。跟运动西装的裤子搭配不同的是休闲西装正常情况下，不能升级为礼服，也就不能与礼服的配服进行时间上的分

配服搭配：衬衫

格子衬衣　　　　普通衬衣　　　　外穿衬衣

图 5-29　休闲西装的衬衣指导性方案

类搭配，礼服裤子在休闲西装中都属于禁忌。可见，调和西装对于休闲着装具有专属性。

在衬衫的搭配里，格子衬衫为休闲西装的最佳搭配，与其经典的格子面料相呼应，强调格子图案所暗示的休闲风格，在休闲西装中最具品味，在绅士看来这是最保险的密码。在可搭配范畴中，衬衫按礼仪匹配度的高低看，普通衬衣高于外穿衬衣，因为外穿衬衣是单件使用的休闲衬衣，但组合并无禁忌可视为休闲西装的运动版。在禁忌中，礼服衬衣和礼服裤子一样都属于禁忌之列（图 5-29）。

因为休闲西装对休闲和功用性的强调，毛衣和毛背心都可作为配服，当选择背心时，就需要解读它的穿着密码，因为它是从历史和传统中走来。休闲西装与休闲特质的调和背心搭配属于黄金组合，与常服背心搭配，可作为休闲西装的正装版使用。值得注意的是礼服背心理应属禁忌的范畴中，但却对卡玛绉饰带这种晚礼服背心的替代物具有兼容度，卡玛绉饰带中礼仪等级最低的花式卡玛绉饰带与休闲西装搭配能形成较高的搭配度，但只适用于非正式的晚间派对（图 5-30）。

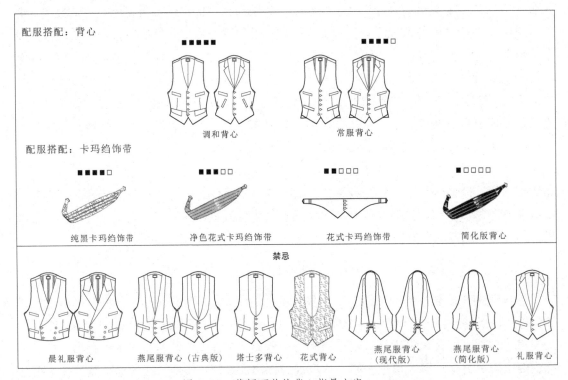

图 5-30　休闲西装的背心指导方案

（三）休闲西装定制中的配饰指导性方案

　　配饰与面料的丰富性是绅士们能在休闲西装定制中大肆作秀的条件。其丰富性使得绅士们能够走入一个更为自由行走的服装王国，而能否了解这些规则成为从必然王国走入自由王国的识金石，也成为现代成功人士着装的重要评判指标，尤其表现在细节上。

　　在领带的选取中，在强调休闲韵味时可以不搭配领带。在配搭领带的情形中，不规则花式领带为其最佳搭配，其次是俱乐部领带。另外，同运动西装一样可以和阿斯克领巾搭配，但是礼仪匹配度不及与运动西装搭配高，为三个填黑方格，可视为休闲版组合。条纹领带和净色领带过于正式少推荐为好（图5-31）。由于休闲西装和运动西装礼仪等级毗邻，所以领结、帽子和袜子的搭配与运动西装保持一致。在装饰巾的搭配中，最佳装饰巾与运动西装一样为花式装饰巾，不同的是，由于调和西装更加休闲，条纹装饰巾和净色装饰巾与其搭配时礼仪匹配度各自下降一个填黑方格。

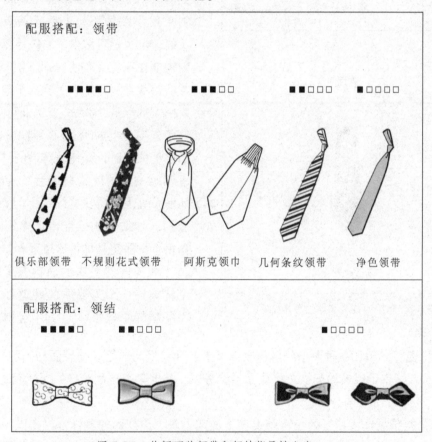

图 5-31　休闲西装领带和领结指导性方案

　　鞋的最佳搭配与运动西装一样同为休闲鞋。但此时，旅游鞋不再属于禁忌，和强调休闲运动风格的休闲西装搭配能构成完全休闲的匹配。与旅游鞋同等级的还有黑色牛津鞋，它可以说是日间和全天候服装的万能鞋，但与休闲西装组合，尽可看作正装版。黑色漆皮鞋由于时间上的专属性以及礼仪等级差异过高，与调和西装不匹配属于禁忌（图5-32）。

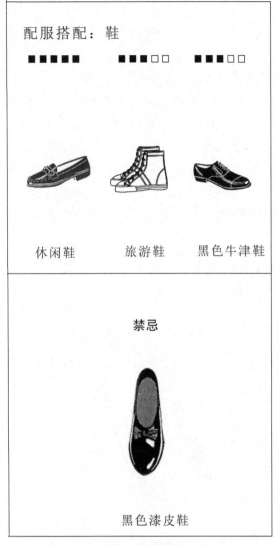

配服搭配：鞋

■■■■■ ■■■□□ ■■■□□

休闲鞋　　　旅游鞋　　黑色牛津鞋

禁忌

黑色漆皮鞋

图5-32　休闲西装鞋指导性方案

（四）休闲西装定制中的面料参考

在休闲西装面料的参考中，面料的可选择性最为丰富，而在这最自由的选择中却始终坚守着一条"潜规则"，即上下差异化原则。这种坚持除了体现在面料的颜色和花式上，还延伸到面料的质感上。例如，有触觉感的肌理面料是产生休闲西装质量感的关键，也就形成了有纹理休闲西装搭配的原则。通常情况下休闲上衣是纹理面料（有肌理手感），裤子则采用小纹理面料（手感平滑），而相反的情况也是可以的。若采用相同纹理，则需要在花色上有所区别，这样"质量感"才能有效地显现出来，这几乎成为休闲西装搭配的一种"学说"。由此可见，丰富、休闲韵味十足的休闲西装配服在随性灵活搭配的同时，保持差异性的"潜规则"是明智的，这就提醒着我们在进行休闲西服的配服定制时，除了考虑配服礼仪级别、款式上的匹配，还需细致的考虑到每个配服里具体的定制面料选取。

休闲西装上衣的面料参考，分为两个样本，一个为夏季的轻薄面料、一个为冬季的厚型面料。其中轻薄面料包括典型的浅棕色灯芯绒和各种薄型棉麻织物以及调和西装经典的格纹薄型面料（图5-33）。厚型面料里，提供了经典的苏格兰格纹面料参考以及其他具有典型纹样的厚型毛纺织物（图5-34）。

裤子面料根据休闲西装颜色搭配上深下浅或上浅下深规则的多样性，提供了由浅至深的面料参考。根据上衣颜色、材质的不同，裤子的面料需要进行相应的选择与配搭。单从裤子面料的可选取性上看，休闲西装是经典男士裤子里选择面最为宽广和自由的，这秉承着休闲西装一贯的随性自由作风所带来的绅士服另外的一种鲜活气象（图5-35）。

由于休闲西装对于非正式场合和休闲场合具有专属性，当在正式场合和礼仪更高的公式化场合选择这种服装时是危险的。它不同于运动西装内敛的休闲，起源于狩猎运动功能的休闲西装，对运动休闲的风格属性有更多广泛的表达。因为在历史上它就是作为高尔夫球、钓鱼、射击、骑马、郊游、打网球等运动的着装，它作为生活方式传播的载体更强调一种

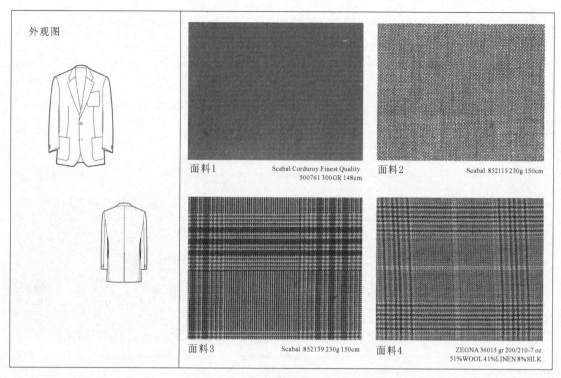

图 5-33　休闲西装面料参考 1

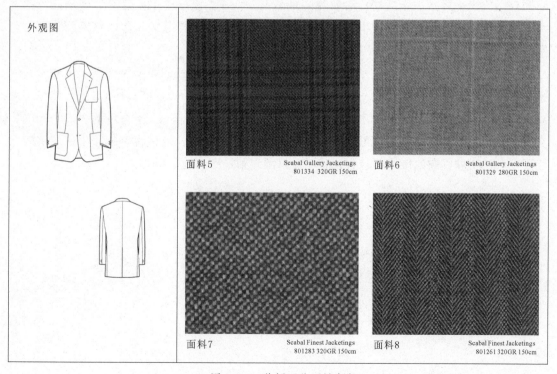

图 5-34　休闲西装面料参考 2

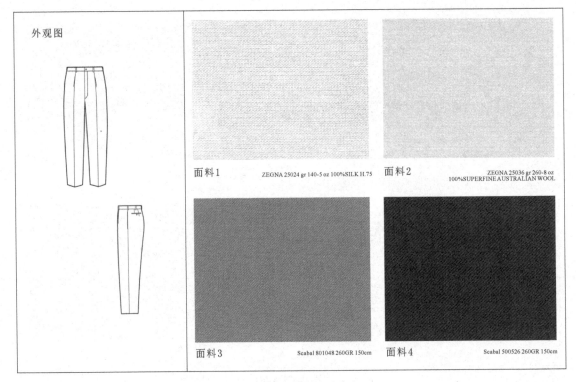

图 5-35　休闲西装的裤子面料参考

回归自然的精神释放，承载着社会属性的本源回归。在西装三类型中是对休闲最纯粹的演绎者，营造出一种松弛的、放下严肃紧张工作后，心灵坦诚相见的氛围，休闲西装已是上层白领们周末聚会、休闲外出和运动仪式的最佳着装推荐。

　　当然，除了休闲西装诞生之初的本质特性以外，因其多变的可能性，表现出对时尚元素的高度包容，衍生出更多的个性化风格倾向，以满足个人不同的偏好和需求，这也正是高级定制的意义所在。特别是对于年轻白领而言，休闲西装的多变迎合了丰富的、不安的、充满了激情的探索，对年壮轻狂的不羁又具有含养性。因此，当顾客年龄较小或老练绅士且不安于绅士服固有的传统着装方式时，休闲西装则是不二的选择。

参考文献

[1] 妇人画报社书籍编辑部. THE DRESS CODE[M]. 日本：妇人画报社，1996.

[2] 監修·堀洋一. 男の服飾事典 [M]. 日本：妇人画报社，1996.

[3] 妇人画报社书籍编辑部. SUIT[M]. 日本：妇人画报社，1984.

[4] 妇人画报社书籍编辑部. BLAZER[M]. 日本：妇人画报社，1984.

[5] 岡部隆男. JACKET[M]. 2版. 日本：妇人画报社，1995.

[6] 妇人画报社书籍编辑部. FORMAL WEAR[M]. 日本：妇人画报社，1985.

[7] くろすとしゆき監修. The Shirt. 日本：妇人画报社，1985.

[8]Bernhard Roetzel.Gentleman[M]. Germany：Konemann，1999.

[9]Alan Flusser. Clothes And The Man[M]. United States：Villard Books，1987.

[10]Alan Flusser. Style And The Man[M]. United States：Hapercollins，1996.

[11]Alan Flusser.Dressing The Man[M]. United States：Hapercollins，2002.

[12]James Bassil. The Style Bible[M]. United States：Collins Living，2007.

[13]Carson Kressley. Off The Cuff[M]. USA：Penguin Group.Inc，2005.

[14]Cally Blackman. One Hundred Years Of Menswear[M]. UK：Laurence King Publishing Ltd，2009

[15]Kim Johnson Gross Jeff Stone. Clothes[M]. New York：Alfred A. Knopf，1993.

[16]Kim Johnson Gross Jeff Stone. Dress Smart Men[M]. New York：Grand Central Pub，2002.

[17]Kim Johnson Gross Jeff Stone.Men's Wardrobe[M].UK：Thames and Hudson Ltd.，1998.

[18]Tony Glenville. Top To Toe[M]. UK：Apple Press，2007.

[19]Birgit Engel. The 24-Hour Dress Code For Men[M].UK：Feierabend Verlag，Ohg，2004.

[20]The Jacket. Chikuma Business Wear And Security Grand Uniform Collection 2004-05，2004.

[21]Riccardo Villarosa & Giuliano Angeli 《Elegant Man— How to construct the ideal wardrobe》Random House ，Inc.，New York，NY. 10022

[22] 刘瑞璞. 服装纸样设计原理与应用：男装编 [M]. 北京：中国纺织出版社，

2008.

[23] 刘瑞璞. 男装语言与国际惯例——礼服 [M]. 北京：中国纺织出版，2002.

[24] 刘瑞璞，常卫民，王永刚. 国际化职业装设计与实务 [M]. 北京：中国纺织出版，2010.

[25] 戴卫编译. 成功男人着装的秘密 [M]. 北京：华文出版社，2003.

[26] 刘瑞璞，谢芳. TPO 规则与男装成衣设计 [J]. 装饰，2008，（1）.

[27] 魏莉. 服装 TPO 知识管理系统研究 [D]. 北京：北京服装学院，2006.

[28] 刁杰. 着装 TPO 规则及 2008 年北京奥运会非比赛服男装设计方案 [D]. 北京：北京服装学院，2006.

[29] 谢芳. 服装 TPO 规则与男装产品的设计和开发—— 柒牌"中华立领西服"的正装语言研究 [D]. 北京：北京服装学院，2007.

[30] 刘钱州. 男装国际惯例与公务员着装指导性方案研究 [D]. 北京：北京服装学院，2007.

附录

西装定制方案与流程

定制方案与流程

1. 定制品的黄金组合
2. 着装成功案例
3. 定制品款式指导性方案
4. 定制品配服指导性方案
5. 定制品配饰指导性方案
6. 定制品面料参考
7. 定制品牌产品

西服套装

运动西装

休闲西装

一、西服套装定制方案与流程

西服套装（Suit）黄金组合

标准色

PANTONE 422C

标准面料

关键词
·全天候万能套装
·鼠灰色
·上下装同质同色

西裤（Trousers）

背心（Vest）

黑色皮鞋（Black shoes）

西服套装（Suit）

企领衬衣（Regular collar shirt）

黑袜子（Black socks）

条纹领带（Strip tie）

西服套装着装成功案例

案例参考：

▲ 三件套西装在正式商务场合

▲ 美国总统奥巴马和女儿

▲ 两件套西装在正式商务场合

适合场合：

适合场合		
公式化场合	婚礼仪式	■□□□
	告别仪式	■□
	传统仪式	■□□
正式场合	正式宴会	■■□
	日常工作	■■■
	国际谈判	■■■
	正式谈判	■■■
	正式会议	■■■
	商务会议	■■■
非正式场合	工作拜访	■■□
	非正式拜访	■□
	非正式会议	■■□
	商务聚会	■■□
	休闲星期五	■■□
休闲场合	私人拜访	□□□□□
	周末休闲度假	□□□□□

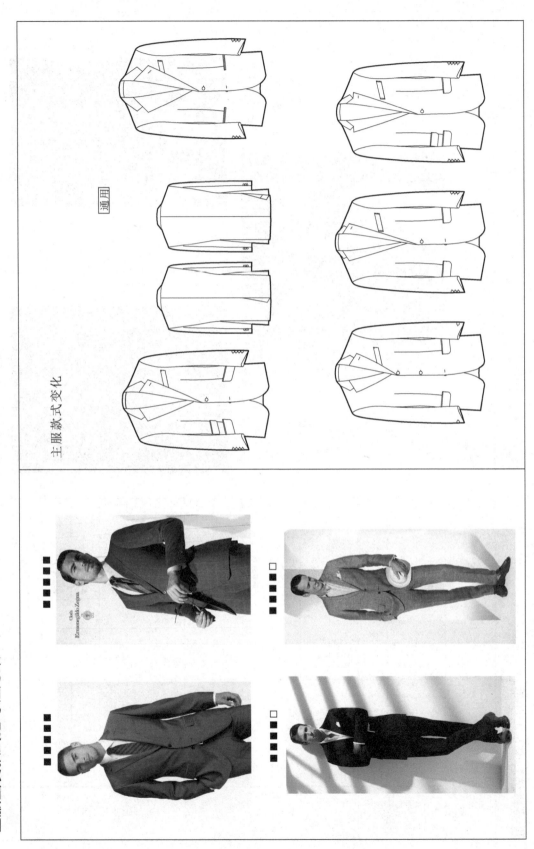

通用

主服款式变化

西服套装款式指导性方案

西服套装裤子、衬衣指导性方案

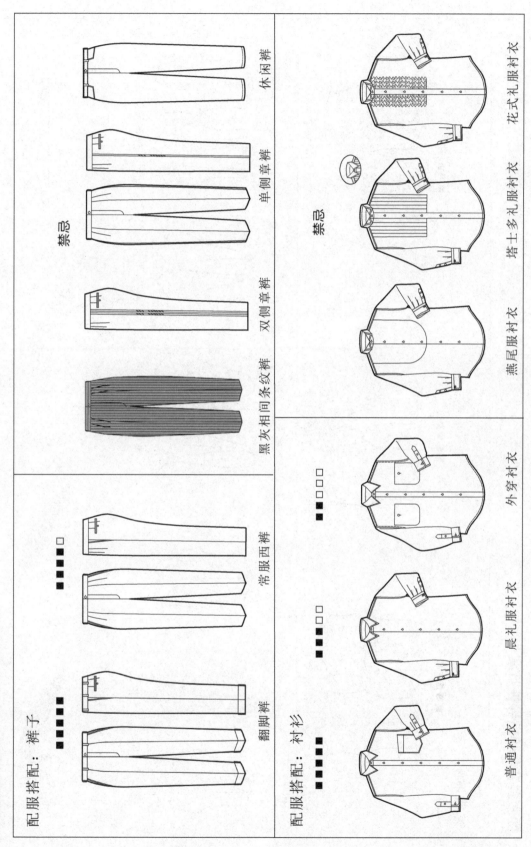

配服搭配：裤子

翻脚裤　常服西裤　黑灰相间条纹裤　双侧章裤　单侧章裤　休闲裤

禁忌

配服搭配：衬衫

普通衬衣　晨礼服衬衣　外穿衬衣　燕尾服衬衣　塔士多礼服衬衣　花式礼服衬衣

禁忌

西服套装背心指导性方案

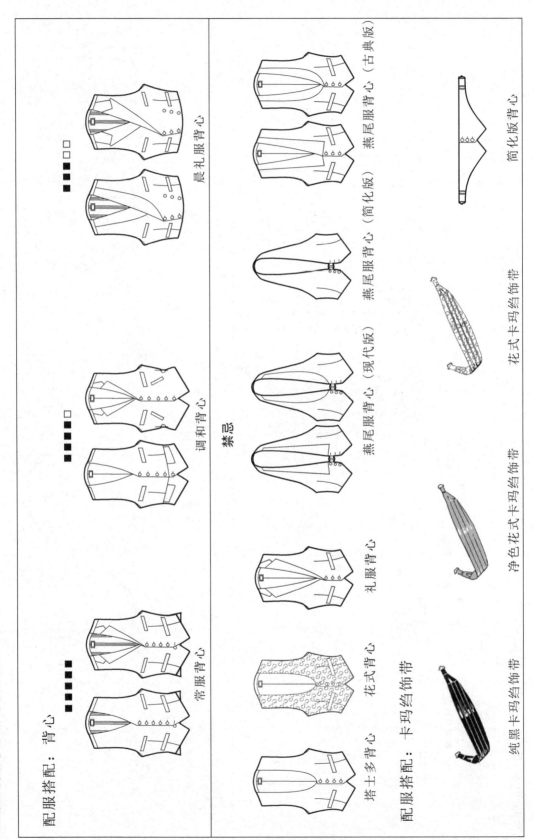

配服搭配：背心

晨礼服背心

调和背心

常服背心

燕尾服背心（古典版）

燕尾服背心（现代版）

燕尾服背心（简化版）

简化版背心

礼服背心

花式背心

塔士多背心

禁忌

配服搭配：卡玛绉饰带

纯黑卡玛绉饰带

净色花式卡玛绉饰带

花式卡玛绉饰带

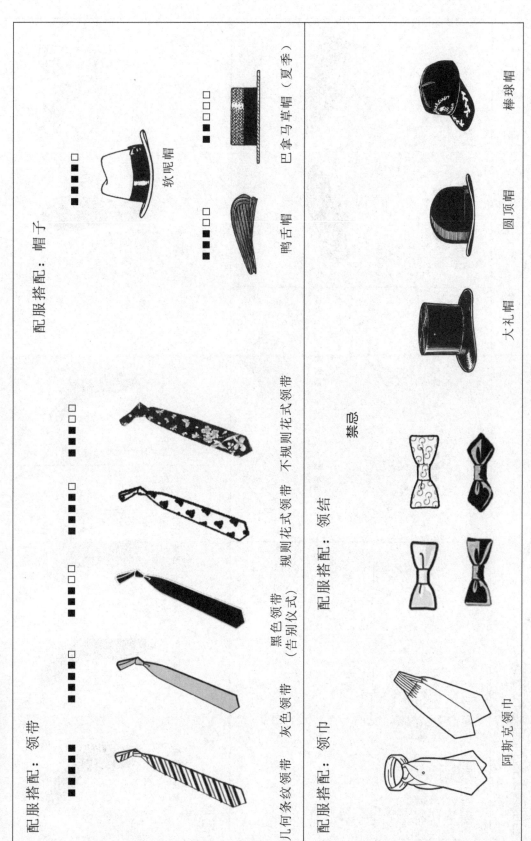

西服套装配饰指导性方案 1

配服搭配：领带

■■□□　　　■■■□　　　■■■□　　　■■□□

几何条纹领带　灰色领带　黑色领带（告别仪式）　规则花领式领带　不规则花领式领带

配服搭配：领巾

阿斯克领巾

配服搭配：帽子

■■■□　　　■■■■□

鸭舌帽　软呢帽

■■■□　　　■■□□

巴拿马草帽（夏季）

禁忌

配服搭配：领结

大礼帽　　圆顶帽　　棒球帽

西服套装配饰指导性方案 2

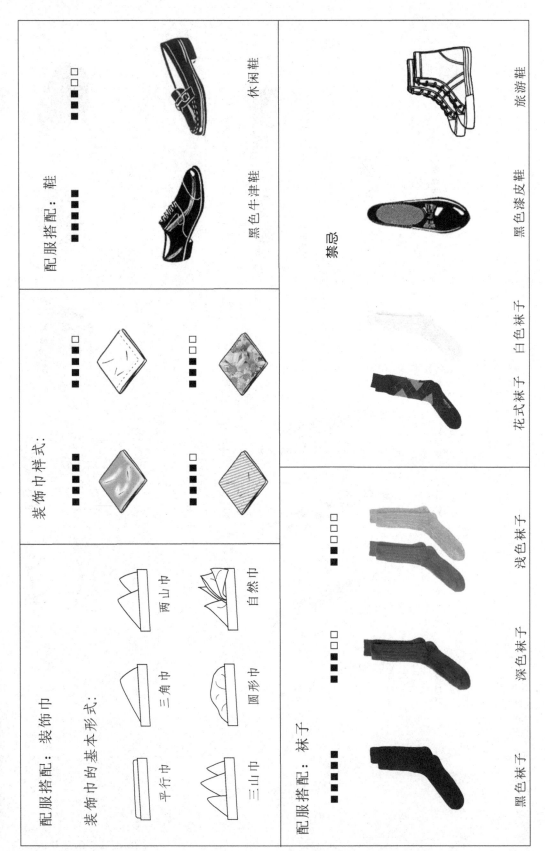

配服搭配：装饰巾

装饰巾的基本形式：

平行巾　　三山巾　　三角巾　　圆形巾　　两山巾　　自然巾

装饰巾样式：

配服搭配：鞋

黑色牛津鞋　　休闲鞋

旅游鞋

禁忌

黑色漆皮鞋

配服搭配：袜子

黑色袜子　　深色袜子　　浅色袜子

花式袜子　　白色袜子

西服套装面料参考

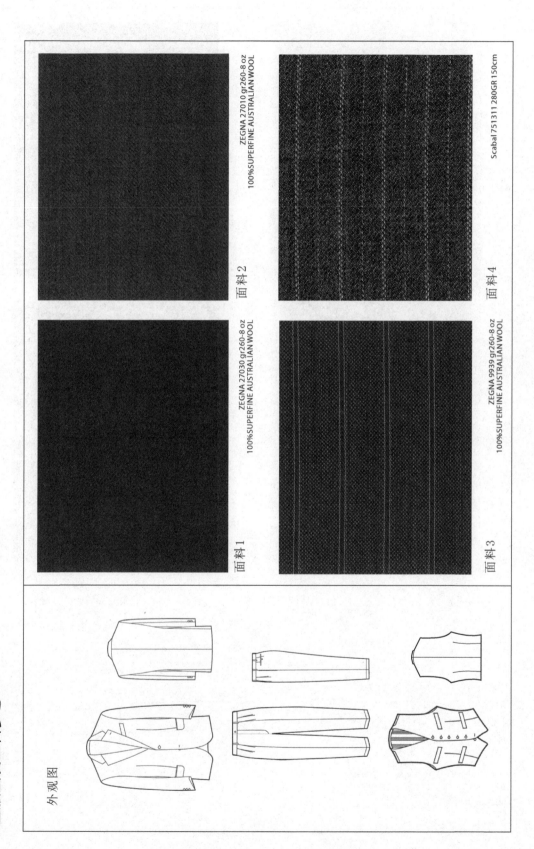

外观图

面料 1
ZEGNA 27030 gr260-8 oz
100%SUPERFINE AUSTRALIAN WOOL

面料 2
ZEGNA 27010 gr260-8 oz
100%SUPERFINE AUSTRALIAN WOOL

面料 3
ZEGNA 9939 gr260-8 oz
100%SUPERFINE AUSTRALIAN WOOL

面料 4
Scabal 751311 280GR 150cm

西服套装面料参考

外观图

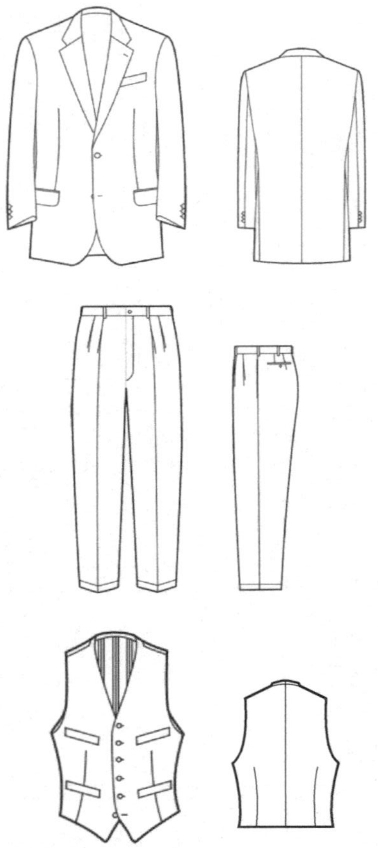

面料 2
Dormeuil 3010072 310g 100%Worsted Wool

面料 6
ZEGNA 9875 gr260-9 oz
100%SUPERFINE AUSTRALIAN WOOL

面料 1
GianniVersace 58" 265016

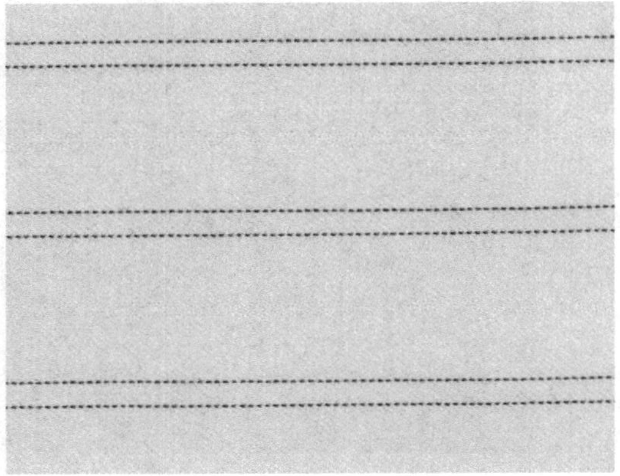

面料 5
ZEGNA 27001 gr260-8 oz
100%SUPERFINE AUSTRALIAN WOOL

ESTABLISHED 1806

HENRY POOLE

15 SAVILE ROW, LONDON

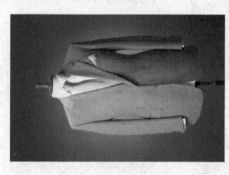

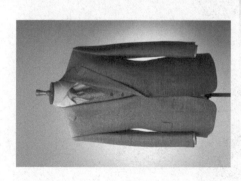

定制品牌西服套装产品

定制品牌西服套装产品

MARZONI: 1
Ermenegildo Zegna: 2、3

MARZONI: 4、5
Ermenegildo Zegna: 6

二、运动西装定制方案与流程

运动西装（Blazer）黄金组合

标准色
PANTONE 274C
PANTONE 468C

标准面料

关键词
· 法兰绒
· 苏格兰格呢
· 贴口袋　盖贴袋
· 夹口袋　上深下浅
· 金属纽扣
· 徽章

苏格兰格裤
（Scotland plaid trousers）

布雷泽金属纽扣
（Blazer metal button）

布雷泽（Blazer）

徽章
（Emblem）

运动袜
（Sport socks）

休闲鞋
（Loafers）

格子衬衫
（Plaid shirt）

俱乐部领带
（Club tie）

运动西装着装成功案例

适合场合：

场合类别	场合	适合度
公式化场合	婚礼仪式	□□□□□
	告别仪式	□□□□□
	传统仪式	□□□□□
正式场合	正式宴会	■□□□□
	日常工作	■■□□□
	国际谈判	■■□□□
	正式谈判	■■□□□
	正式会议	■■□□□
	商务会议	■■□□□
非正式场合	工作拜访	■■■□□
	非正式拜访	■■■□□
	非正式会议	■■■■□
	商务聚会	■■■■□
	休闲星期五	■■■■□
休闲场合	私人拜访	■■■□□
	周末休闲度假	■■■□□

案例参考：

▲Giovanni Panerai全球 CEO穿着布雷泽

▲ 拉夫·劳伦穿着 Blazer

运动西装款式指导性方案

主服款式变化

通用

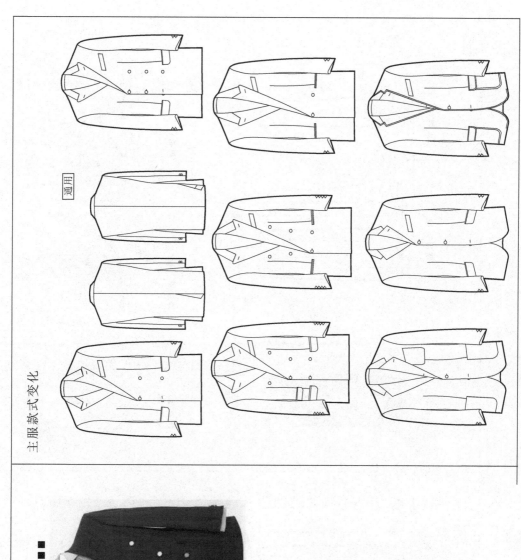

运动西装裤子、衬衣指导性方案

配服搭配：裤子

配服搭配：衬衫

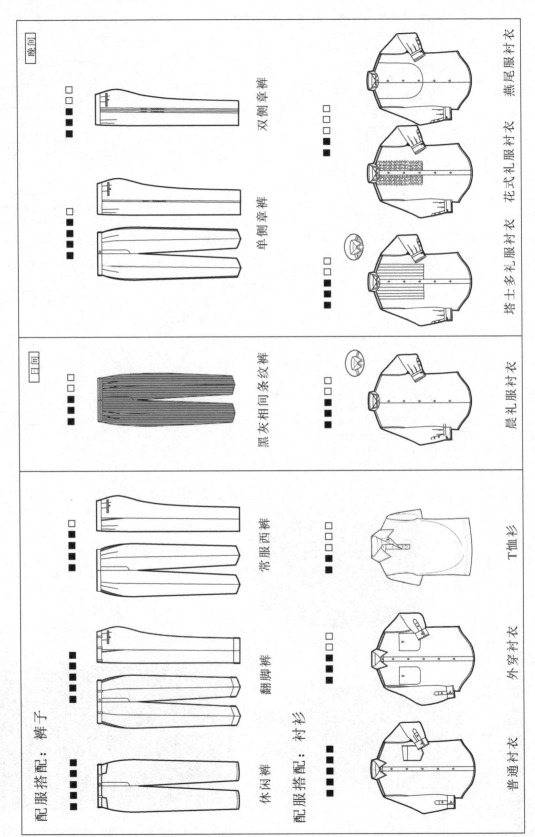

	晚间
双侧章裤	燕尾服衬衣
单侧章裤	花式礼服衬衣
	塔士多礼服衬衣

日间	
黑灰相间条纹裤	晨礼服衬衣

常服西裤	T恤衫
翻脚裤	外穿衬衣
休闲裤	普通衬衣

运动西装背心指导性方案

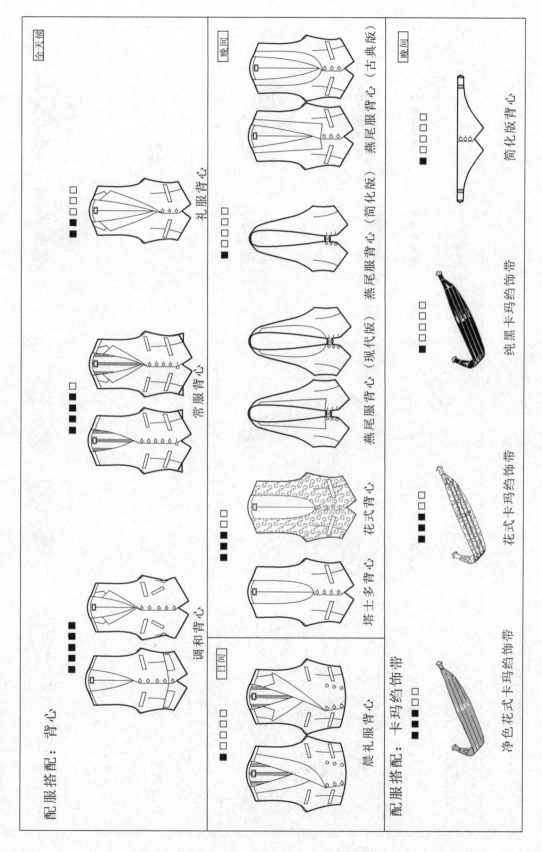

配服搭配：背心

礼服背心

常服背心

调和背心

全天候

晚间

晚间

日间

燕尾服背心（古典版）

燕尾服背心（简化版）

燕尾服背心（现代版）

花式背心

塔士多背心

简化版背心

纯黑卡玛绉饰带

花式卡玛绉饰带

晨礼服背心

配服搭配：卡玛绉饰带

净色花式卡玛绉饰带

运动西装配饰指导性方案 1

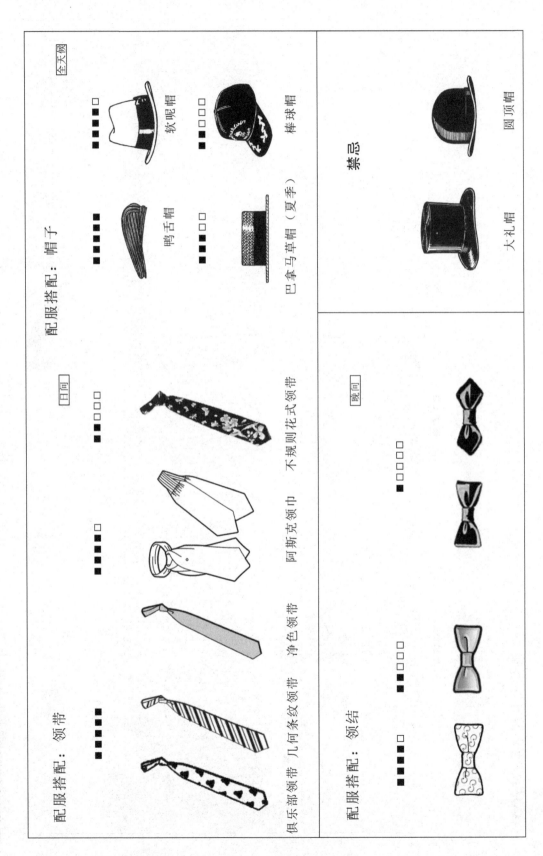

配服搭配：帽子

全天候

软呢帽　□ ■■■

棒球帽　□ ■■■■

鸭舌帽　■■■□

巴拿马草帽（夏季）　■□□

禁忌

圆顶帽

大礼帽

配服搭配：领带

日间

不规则花式领带　■■□□□

阿斯克领巾　■■■□

净色领带

几何条纹领带　■■■■

俱乐部领带

配服搭配：领结

晚间

■■■□

■■■□

■■□□

□■■■

运动西装配饰指导性方案 2

配服搭配：装饰巾

装饰巾的基本形式：

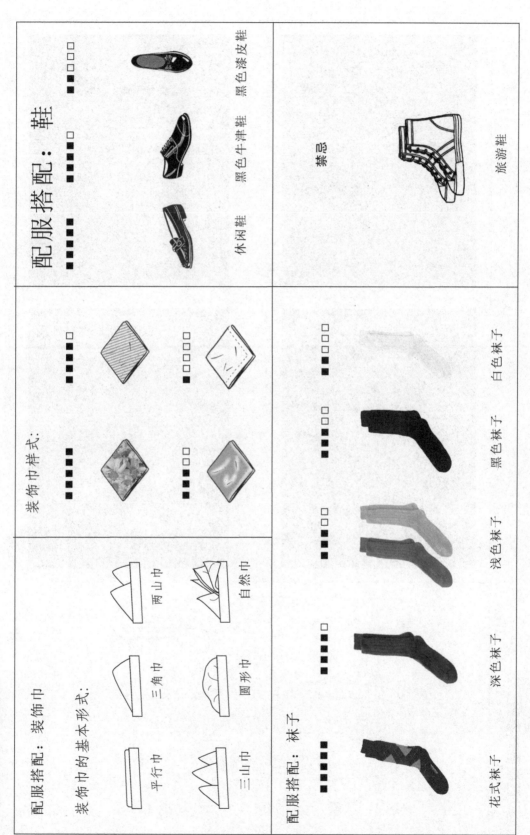

三山巾　　平行巾

圆形巾　　三角巾

自然巾　　两山巾

装饰巾样式：

配服搭配：袜子

花式袜子　深色袜子　浅色袜子　黑色袜子　白色袜子

配服搭配：鞋

休闲鞋　黑色牛津鞋　黑色漆皮鞋

禁忌

旅游鞋

Scabal 801062 280GR 150cm

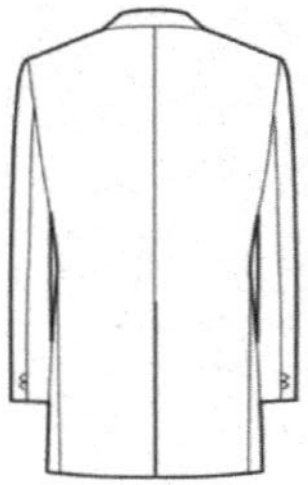

面料 2

Scabal 801048 260GR 150cm

面料 4

Scabal 851506 150cm

面料 1

Scabal 801045 260GR 150cm

面料 3

运动西装面料参考

外观图

运动西装裤子面料参考

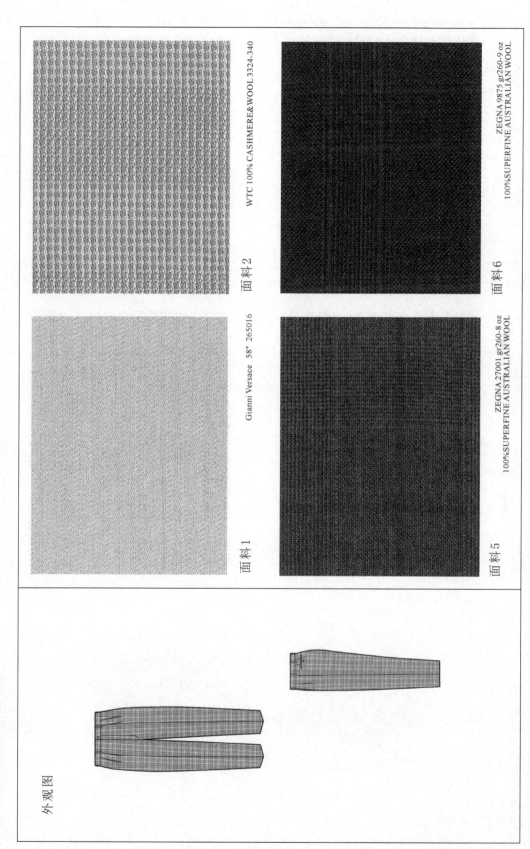

面料 1
Gianni Versace 58" 265016

面料 2
WTC 100% CASHMERE&WOOL 3324-340

面料 5
ZEGNA 27001 gr260-8 oz
100%SUPERFINE AUSTRALIAN WOOL

面料 6
ZEGNA 9875 gr260-9 oz
100%SUPERFINE AUSTRALIAN WOOL

外观图

运动西装裤子面料参考

Scabal Corduroy Finest Quality
50077I 390GR 148cm

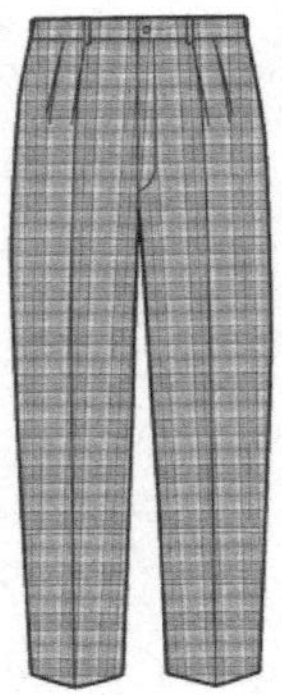

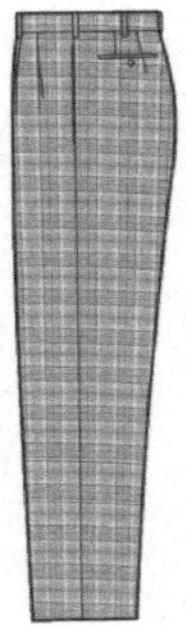

面料 2

Scabal 751961 230GR 150cm

面料 6

Scabal 801048 260GR 150cm

面料 1

Scabal 751326 280GR 150cm

面料 5

外观图

定制品牌运动西装产品

定制品牌运动西装产品

Brooks Brothers: 1、2、3、4

三、休闲西装定制方案与流程

休闲西装（Jacket）黄金组合

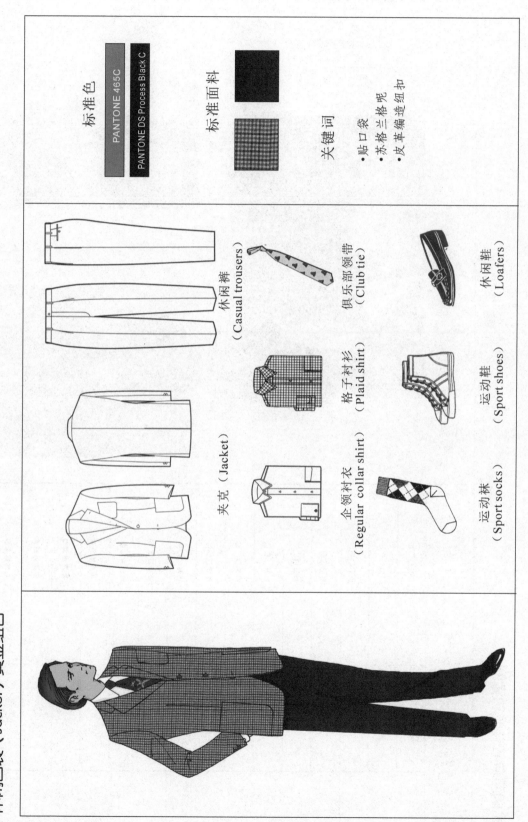

标准色
PANTONE 465C
PANTONE DS Process Black C

标准面料

关键词
·贴口袋
·苏格兰格呢
·皮革编造纽扣

休闲裤（Casual trousers）

俱乐部领带（Club tie）

休闲鞋（Loafers）

格子衬衫（Plaid shirt）

运动鞋（Sport shoes）

夹克（Jacket）

企领衬衣（Regular collar shirt）

运动袜（Sport socks）

运动袜（Sport socks）

休闲西装着装成功案例

适合场合：

	适合场合	公式化场合	正式场合	非正式场合	休闲场合
公式化场合	婚礼仪式	□□□□□			
	告别仪式	□□□□□			
	传统仪式	□□□□□			
正式场合	正式宴会	■■□□□			
	日常工作	■■□□□			
	国际谈判	■■□□□			
	正式谈判	■■□□□			
	正式会议	■■□□□			
	商务会议	■■■□□			
非正式场合	工作拜访	■■■□□			
	非正式拜访	■■■□□			
	非正式会议	■■■□□			
	商务聚会	■■■□□			
	休闲星期五	■■■□□			
休闲场合	私人拜访	■■■■□			
	周末休闲度假	■■■■□			

案例参考：

▲ 布什和普京的非正式会晤

▲ 商务人士在非正式场合

▲ 商务人士在非正式场合

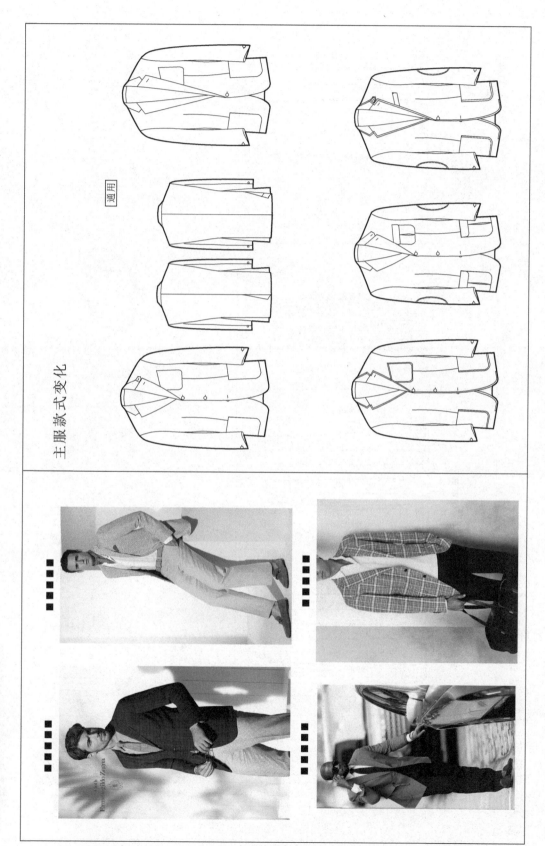

主服款式变化

通用

休闲西装款式指导性方案

休闲西装裤子、衬衣指导性方案

配服搭配：裤子
■
■
■
■
□

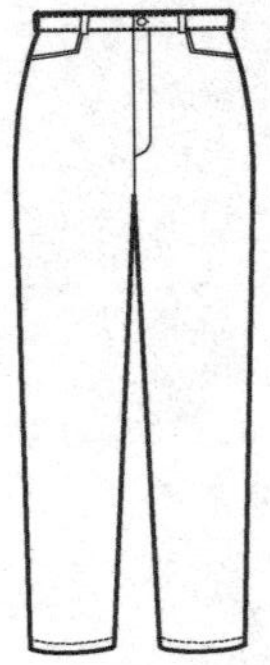

单侧章裤

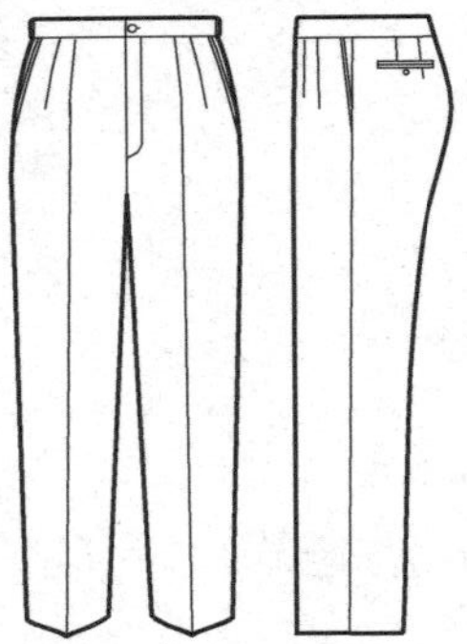

双侧章裤

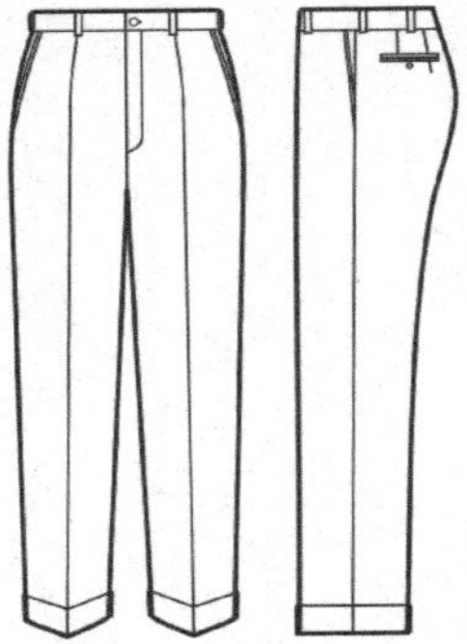

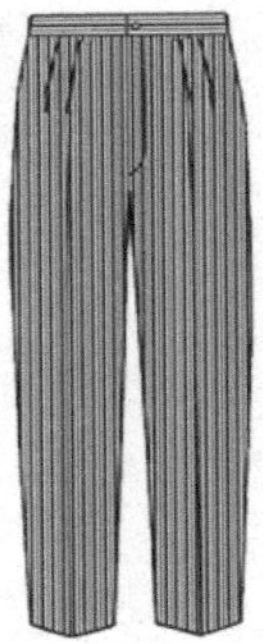

黑灰相间条纹裤

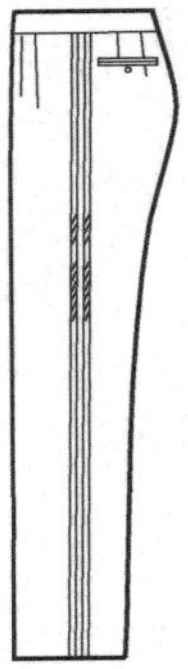

翻脚裤

■
■
■
■
□

常服西裤

■
■
■
□

休闲裤

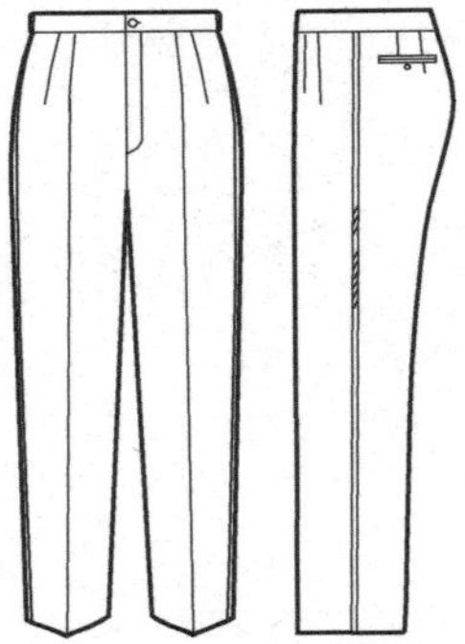

禁忌

配服搭配：衬衫
■
■
■
■
□

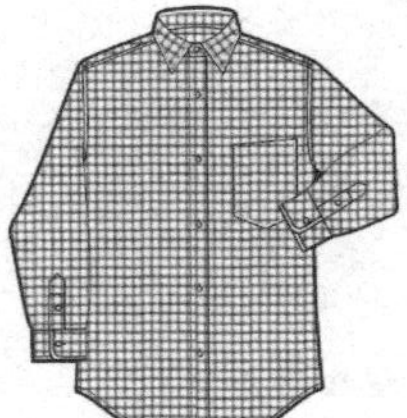

花式礼服衬衣

塔士多礼服衬衣

燕尾服衬衣

晨礼服衬衣

禁忌

外穿衬衣
■
■
■
□

普通衬衣
■
■
□

格子衬衣
■
■
■
■
□

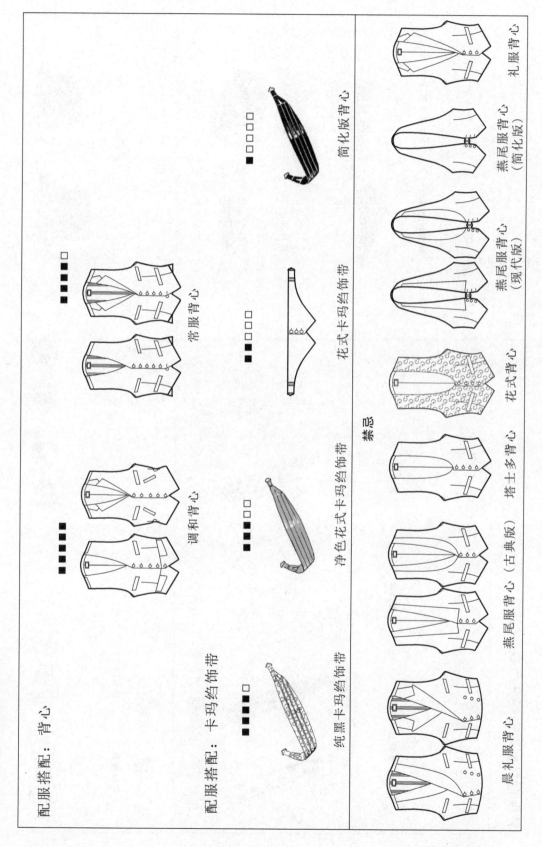

休闲西装背心指导性方案

配服搭配：背心

配服搭配：卡玛绉饰带

常服背心

调和背心

纯黑卡玛绉饰带

卡玛绉饰带

净色花式卡玛绉饰带

花式卡玛绉饰带

简化版背心

礼服背心

燕尾服背心（简化版）

燕尾服背心（现代版）

花式背心

塔士多背心

燕尾服背心（古典版）

晨礼服背心

禁忌

休闲西装配饰指导性方案 1

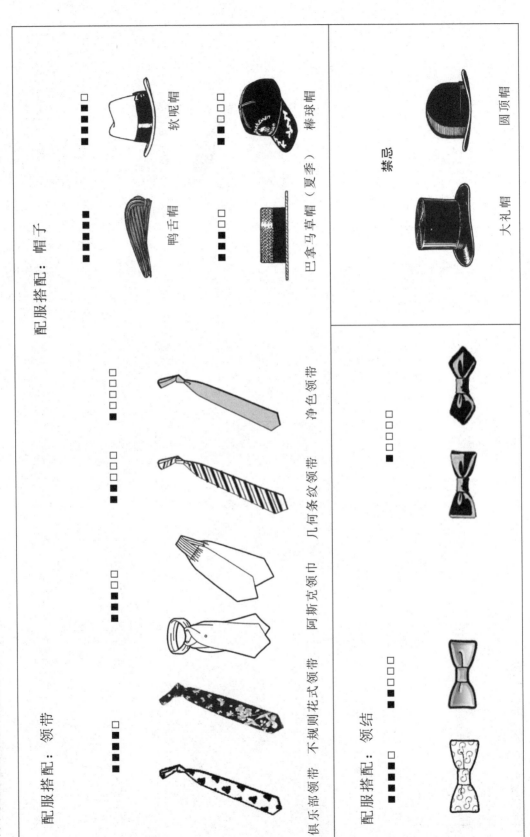

配服搭配：**帽子**

软呢帽

棒球帽

鸭舌帽

巴拿马草帽（夏季）

禁忌

圆顶帽

大礼帽

配服搭配：**领带**

净色领带

几何条纹领带

阿斯克领巾

不规则花式领带

俱乐部领带

配服搭配：**领结**

休闲西装配饰指导性方案2

配服搭配：装饰巾

装饰巾的基本形式：

平行巾　　　三角巾　　　圆形巾

三山巾　　　两山巾　　　自然巾

装饰巾样式：

配服搭配：鞋

休闲鞋　　　　旅游鞋　　　　黑色牛津鞋

禁忌

黑色漆皮鞋

配服搭配：袜子

花式袜子　　浅色袜子　　深色袜子　　黑色袜子　　白色袜子

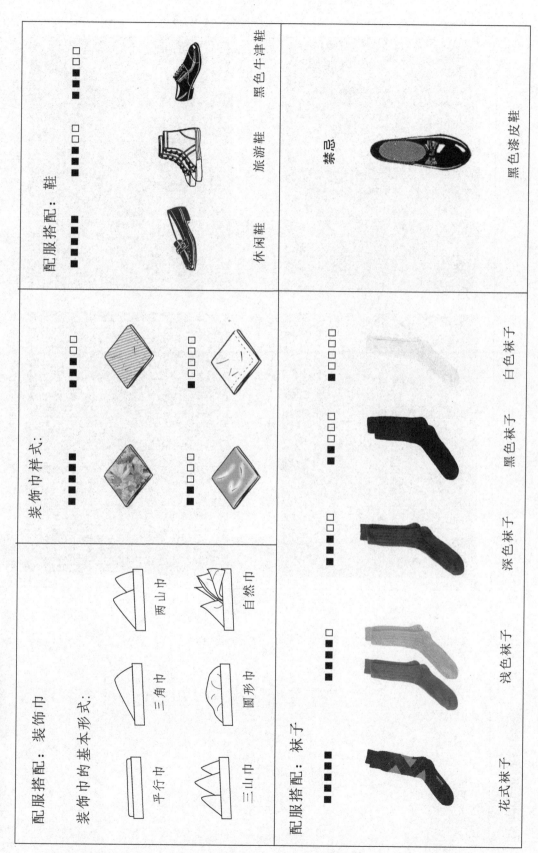

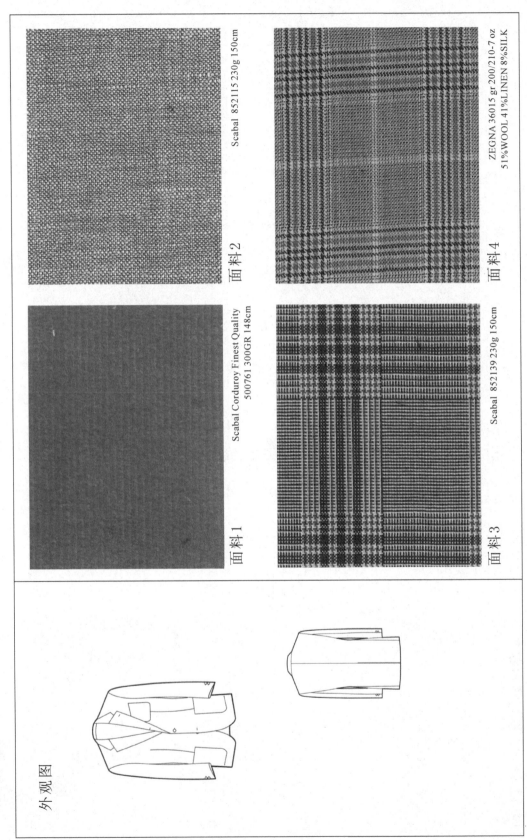

休闲西装面料参考

外观图

面料 2

Scabal 852115 230g 150cm

面料 4

ZEGNA 36015 gr 200/210-7 oz
51%WOOL 41%LINEN 8%SILK

面料 1

Scabal Corduroy Finest Quality
500761 300GR 148cm

面料 3

Scabal 852139 230g 150cm

休闲西装面料参考

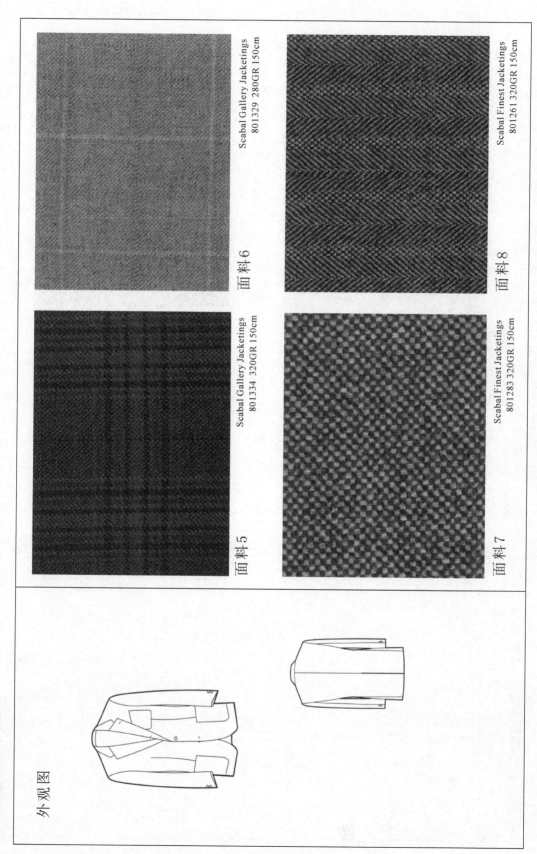

面料 6
Scabal Gallery Jacketings
801329　280GR　150cm

面料 8
Scabal Finest Jacketings
801261　320GR　150cm

面料 5
Scabal Gallery Jacketings
801334　320GR　150cm

面料 7
Scabal Finest Jacketings
801283　320GR　150cm

外观图

休闲西装裤子面料参考

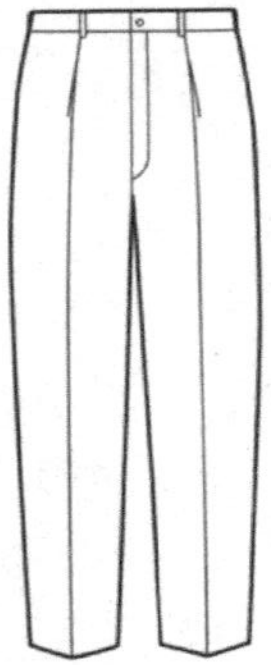

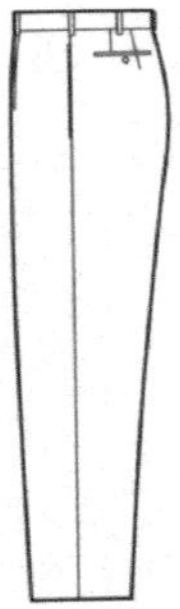

面料 1

ZEGNA 25024 gr 140-5 oz 100%SILK H.75

面料 2

ZEGNA 25036 gr 260-8 oz
100%SUPERFINE AUSTRALIAN WOOL

面料 3

Scabal 801048 260GR 150cm

面料 4

Scabal 500526 260GR 150cm

外观图

定制品牌夹克西装产品

HENRY POOLE

ESTABLISHED 1806

15 SAVILE ROW, LONDON

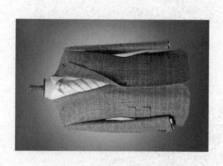

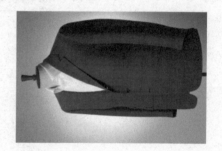

定制品牌休闲西装产品

Ermenegildo Zegna: *1、2、3*
MARZONI: *4*

定制品牌休闲西装产品

MARZONI: 5、6、8
Ermenegildo Zegna: 7

后记

　　在"优雅绅士"丛书中，辟出一本"西装篇"是最不需要理由的，然而根据绅士着装惯例（THE DRESS CODE）却找不出一个合适的书名。这或许是出版优雅绅士丛书具有重大意义的地方，这就是规范服装社交的分类语言：通过输入性绅士文化的研究和整理，了解国际主流社交着装的规则、品质、规律和方法。就"西装篇"而言，首先要解决的问题就是"正名"，这也是本书在关键词上用汉英双语的原因。

　　"西装"在我们的认知中是个极其模糊的概念，在我国精英社会中对西装的滞后表现，与其说是韬光养晦，不如说是缺乏自信；在演艺界与其说把西装视为洪水猛兽，不如说是无知，因此打造了一个土豪版的"奥斯卡红地毯明星秀"。因为明星们真的没弄明白在美国"奥斯卡红地毯"上的男人服装，只可以走两种路线，一是主流绅士风格，二是颠覆主流绅士风格，前者是"概念塔士多"，后者是"颠覆塔士多概念"。这其中的核心就是要先把"塔士多文化"（TUXEDO）弄明白，你才可能"玩塔士多概念"和"颠覆塔士多"。然而塔士多与西装没有关系，与牛仔裤、棒球帽、旅游鞋更没有关系，但它们却在红地毯上大行其道，即使效仿世界大牌明星的塔士多也弄得不伦不类。看来我们把似曾相识的模样（塔士多礼服和西装）都看成西装，这倒是像我们所特有的想当然经验，就是在知识界，一定会把 Suit 翻译成西装，而国际主流社交中压根儿就没有这个词，西服套装是套装的意思，且必须是上衣和裤子相同颜色、相同面料搭配的西装才能如此翻译，混搭的西装决不能称 Suit，而称 Jacket 或 Blazer，这越发丈二和尚摸不着头脑。这只是这类服装着装文化的冰山一角，我们不仅它的称谓没弄明白，它的款式、颜色、搭配、用途等均不得要领。这本书的出版就是试图弄清这些问题。纠结的仍然是书名，绕来绕去还是真没有比"西装"一词更合适的。所谓正名，只好在"西装"后边附上一句解释语，更接近绅士着装惯例的解释："西装是包括西服套装（Suit）、布雷泽西装（Blazer）和夹克西装（Jacket）的统称。"或许读完这本书后才真得知道西装为何物。

　　　　　　　　　　　　　　　　　　刘瑞璞

　　　　　　　　　　　　　　　　　　2015年12月

　　　　　　　　　　　　　　　　于北京服装学院